专业化妆师系列　　总主编/吴　帆

服饰设计

曾　丽　编著

上海交通大学出版社

内 容 提 要

本书为专业化妆师系列之一。

本书针对传统的服饰设计理论进行了系统的梳理调整，较为全面地论述了有关服饰设计的概念、艺术风格、形式美法则、造型要素、设计方法及步骤等内容，针对服饰设计中的最一般问题进行了叙述和举证，对服饰的设计创作有一定的指导意义，是学习服饰设计的基础。

本书注重理论研究和创新实践相结合，内容新颖，图片精美，实用性强，既可作为人物形象设计、服装等专业的教材，也可供化妆、服饰界的从业人员和服饰设计爱好者使用。

图书在版编目(CIP)数据

服饰设计/曾丽编著. —上海：上海交通大学出版社，2013
（专业化妆师系列）
ISBN 978－7－313－09994－5

Ⅰ.①服… Ⅱ.①曾… Ⅲ.①服饰—设计—高等职业教育—教材 Ⅳ.①TS941.2

中国版本图书馆 CIP 数据核字（2013）第 133927 号

服饰设计

曾 丽 编著

上海交通大学 出版社出版发行

（上海市番禺路 951 号 邮政编码 200030）

电话：64071208 出版人：韩建民

浙江云广印业有限公司印刷 全国新华书店经销

开本：787mm×960mm 1/16 印张：7 字数：157 千字

2013 年 6 月第 1 版 2013 年 6 月第 1 次印刷

印数：1～3030

ISBN 978－7－313－09994－5/TS 定价：58.00 元

序

作为人物形象设计专业的基础教材——《化妆设计》一书自2004年出版以来，受到各大艺术院校、专业化妆培训学校、各地专业人士及爱好者的广泛关注和认可，先后于2006年、2008年和2011年再版，由此可见，中国形象设计行业在迅速地发展。

诚然，行业的迅速崛起让我们作为行业的教育工作者感到兴奋，但同时，社会的压力和责任感也随之而来。随着中国人物形象设计行业的发展，化妆师的需求日益专业化和个性化，商业形象设计的需求市场已经不再是简单满足于建立在传统化妆审美与传统化妆技法的知识结构下的化妆设计作品，而开始转向追求更加新颖的、个性化的、富有创意的化妆造型表现形式，这就使得我们提供给化妆师的教材内容不能再局限于传授传统的化妆基础知识和基础技法了，富有个性化和时代感强的化妆教学实训教材将备受关注和欢迎。基于此，我与上海交通大学出版社策划编辑范荷英副编审自2009年就开始策划此类教材，希望它成为既能够满足专业院校化妆课程的实践教学，又能够为专业培训机构提供专业化的、适用性更强、时代感更强的系列化的实训教材，从而使学员进入社会以后能够更快地融入市场，并创作出符合市场需求的好作品。

"专业化妆师系列"就是在这样一个背景下诞生的，内容是依据国家化妆师的职业标准，以《化妆设计》、《发型设计》、《色彩设计》、《服饰设计》为本系列的基础，在《生活化妆》、《新娘化妆》、《时尚化妆》、《摄影化妆》及《影视、舞台化妆》等几大实践领域，以实操案例的形式展开，循序渐进地传授化妆的技法，同时传递当代时尚审美的趣味和风格，真实、详细、完整地再现了每一个主题化妆造型的全过程，使得教材的实用性更强、适用面更广，当为我国第一套系列化的化妆实训丛书。

当然，时尚审美的概念和标准具有更新快、变化快的特点，所以，实训教材的更新换代也是一个不容回避的现实。我们编辑组将根据时尚发展趋势，结合我国化妆类专业院校和各大培训机构的特点和需求，周期性地调整和更新这套实训教材的内容，使之具有时尚感、时代感的特点，以满足广大读者的需求。

吴 帆

衣食住行，是人类生活最基本的需求。其中，衣即服饰是兼具遮羞、防护、装饰等功能的物质载体。从远古到现代，服饰逐渐从以实用功能为主，发展为主要体现社会精神、时代风貌和个人修养品位。不论从人类学、美学，还是文化学的角度，服饰都折射出较强的社会价值、文化价值和艺术价值。

由于专业市场的不规范，特别是从业人员的专业素质培养环节薄弱，有关人物形象设计的、实用性强的专业理论及实训类教学用书尤其显得不够规范，且不系统化。为此，我们针对行业的职业技能要求标准，编写了兼具实用性和专业性的"专业化妆师系列"教材。《服饰设计》作为其中之一，以适应日新月异的新时代，适应服饰产业的国际化潮流，适应当前高校的人物形象设计、服装专业教育特点。本书就服饰设计的一般问题进行阐述和举证，是学习服饰设计的基础。为了使读者具有系统的设计理论知识，本书在前半部分介绍了服饰的定义和风格；后半部分介绍了服饰设计的具体理论，包括形式美原理、造型要素、设计方法和步骤，并进一步阐述如何进行系列设计。通过本书，读者能掌握服饰设计的一般方法，具有一定的设计能力，也可供服饰设计爱好者和专业人员参考。

在编写此书的过程当中，深圳职业技术学院服装系刘君教授对全书的章节结构进行了悉心指导，在此表示衷心感谢。由于编者水平有限，书中难免会有不足之处，热忱欢迎读者批评指正。

编　者

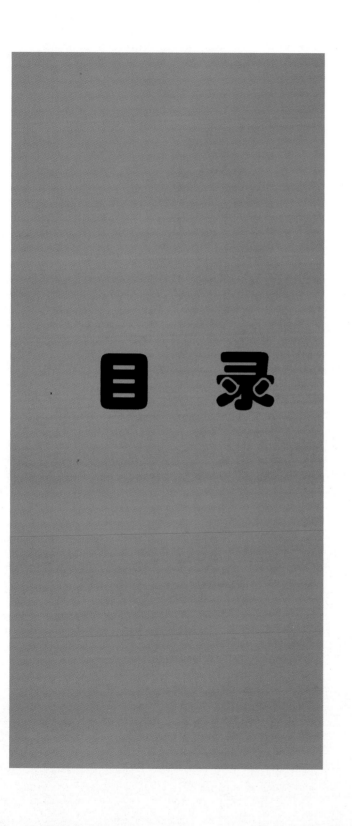

目 录

1

服饰概论

服饰的含义、分类、功能
服饰设计的含义、特点
服饰设计的定位、原则
服饰设计师的素质
影响服饰设计的政治因素
　　　　　经济因素
　　　　　社会文化因素
　　　　　科技因素

1.1 服饰的概念

1.1.1 服饰的含义

服饰一词在中国古代文献中较早出现于《周礼·春宫》中的《春宫·典瑞》"涤其名物、与其用事，设其服饰"，指的是衣服及装饰。现代汉语中服饰的含义是服装和装饰品的总称，其中服装是指覆盖人体躯干和四肢的衣物，如大衣、西装、衬衫、背心、裙、裤等；装饰品又称为服饰配件、配饰和饰品，指为了配合整体形象进行装饰的物品，如帽子、围巾、腰带、鞋子、箱包、首饰等。图1.1中包括了服装、头饰、面具、烟管、伞、包等，以黑白细格统一整体，视觉效果强烈、震撼。

1.1.2 服饰分类

服饰中服装的种类从形制上大体分为上衣、下装和一件式服装三大类。上衣包括大衣、衬衫、背心、西装、外套等。下装分为裤、裙等。一件式服装是上衣和下装结合在一起，如连衣裙和连身裤。

服饰配件分类方法有多种，下面列举一些主要的分类。

图1.1 Jean Paul Gaultier服饰作品

(1) 从装饰部位可分为头饰(帽子、发饰、眼镜等)(见图1.2)、颈饰(领带、领结、围巾、项链等)(见图1.3)、耳饰(耳钉、耳坠、耳环等)(见图1.4)、胸饰(领带夹、胸针等)(见图1.3)、腰饰(皮带等)(见图1.4)、手饰(戒指、手链、手表等)(见图1.5)、腿饰、足饰(袜、鞋、脚链等)(见图1.6、图1.7)等。

(2) 从使用方式可分为穿戴物(帽、手套、鞋等)、佩戴物(首饰、领带、围巾等)和携带物(箱包、伞、扇子等)(见图1.8)。

(3) 从功能上可分为保护用(帽、鞋等)、装饰用(头饰、领带、手链等)、系带用(皮带、纽扣等)、标示用(徽章、Logo等)等。

图1.2　Philip Treacy 2013春夏（头饰）

图1.3　Chanel 2012/13秋冬（围巾和胸针）

图1.4　Mark Fast 2013春夏（金属背带和耳环）

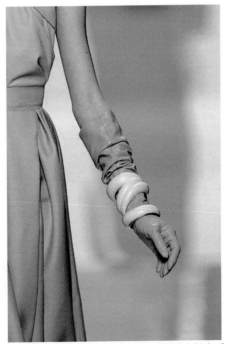

图1.5　Dior 2012/13秋冬（灰色皮手套和粉色手镯）

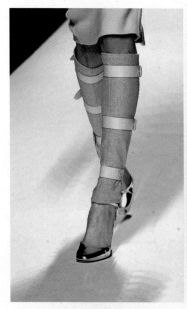 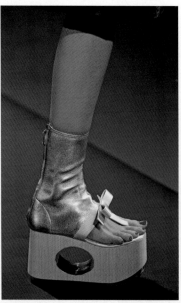 

（腿饰）
图1.6　Max Mara 2012/13秋冬
（松糕鞋）
图1.7　Prada 2013春夏
（黑色双袋拎包）
图1.8　Alexander Wang 2013

1.1.3　服饰的功能

　　服饰功能一般分为两个方面，一是实用，二是审美。实用功能大多与保暖、舒适、结实、方便、护体、遮羞等人体需求相关，故较易实现和满足。图1.9中摒弃服饰造型、色彩和材质等审美因素，突出了服饰的实用功能。审美功能则是人们对服饰美的心理要求，因时代的发展、时尚的转变及审美角度的变化，体现为永无止境的追求，很难实现持久的、真正的满足，正因为如此，服饰才有了永远发展的动力，跟随着审美改变而不断变化。图1.10中扩张的发散状头饰没有实际使用功能，纯粹表现美学意义。

1.2　服饰设计的概念

1.2.1　服饰设计的含义

　　设计是对事物的设想、策划和确定方案，是在一定的目的和意图指导下，进行创造性的构想，并将意图具体表示出来，包含从思维到实践、从设想到产品的完成，并证实设计的可行性、完整性和合理性。服饰的设计是以服饰为对象，通过一定的艺术语言，对服饰造型、色彩和材料进行创造，然后采用一定的表现技法与工艺手段实现服饰设计构思的过程，并完成整个着装

图1.9　Thomas Tait 2013/14秋冬　　　　　图1.10　Philip Treacy 2013春夏

状态的创造性行为。根据服饰的定义，服饰设计既要考虑服装的设计，同时也要恰当运用服饰配件，最终完善整体形象。

　　如同一般艺术设计，服饰设计先有一个设想，然后选择题材，收集资料，确定主题，进行构思。构思出服装最初的形态仅是设计的开始，还需进行初步设计到最终定稿等一系列的设计工作。一般顺序是先设计外轮廓，确定总体的形，再设计内轮廓，细化局部的构造。然后经过结构、工艺处理后才能成为具体的服装。在此过程中，通过色彩的构想(配色和图案)、材料的选用(面料和辅料)、结构规格尺寸的确定以及裁剪、缝制工艺的制定等周密严谨的步骤来完善构思(见图1.11)。制作出来的样衣还不是终稿，需评估反馈。最终设计的效果还需看穿着后的整体形象的反映。以下章节主要介绍服饰设计中的款式设计，并对上述的设计要素、过程和方法分别进行阐述。

面料

设计图　　　　　　　　　　　　　　　制作细节

图1.11　Corrie Nielson 2013

1.2.2　服饰设计特点

服饰设计是一种创造性的活动，也是一种反复进行的过程，从构思、效果图表达、材料选择、样衣制作到最后修改不断更正完善。进行服饰设计时，第一，应强调设计构思是设计的生命和核心；第二，强调设计构思内容的广泛性，把服饰产品的功能、材料、生产和工艺技术条件，以及造型、色彩、款式、纹样等设计内容作统一的设想；第三，要强调设计的整体性；第四，强调针对功能和结构，合理选择合适的材料和工艺技术；第五，强调经济性，即以最少的材料费、加工费等成本获得最好的效果；第六，强调适应时代和社会的要求，具有新鲜而有魅力的审美性；第七，强调进行具有创新性的原创。

1.2.3 服饰设计师的素质

对于服饰设计师，必须具备各种相应的素质和能力。服饰设计的基本功包括服装形态语言的运用、组织、变化等表现能力；服饰的结构、工艺、面料、色彩的把握能力；服饰绘画表现的基本技能等。更高一层的，超越专业范畴但又直接影响设计质量的综合素质和能力，以设计师综合素质为中心的智力因素、非智力因素和各方面知识的综合，涉及范围包括了服饰设计专业之外的一切能力和素养。这种综合能力的形成主要来自于大量信息的接收和积累，在长期实践中逐渐完善，在服饰设计中能够触类旁通、举一反三。

1.3 服饰设计的定位和原则

1.3.1 服饰设计的定位

服饰设计常针对服饰最终使用者即目标消费群体进行设计定位。一般可将目标消费群体分为两大类，第一类是根据使用者自身因素分类，包括地理环境、个体条件、阶层、生活方式及心理模式等，这些因素是使用者固有的，与服饰无关；第二类是根据使用者购买服饰的行为因素进行分类，包括服饰的使用场合、购买态度以及使用状况等因素，这些因素和服饰使用息息相关。设计师需要在服饰设计前对服饰使用者进行深入细致的分析研究，进而做出设计定位。

（1）按地理区域定位。使用者的需求特征与其所生活的地理区域有关，不同地理区域有着不同的气候和文化，影响着使用者对服饰的需求和偏好。最典型的例子就是中东地区的妇女和西方国家妇女的服饰要求是截然不同的，中东妇女的服饰只露出眼睛（见图1.12），西方国家的比基尼式服饰，展露人体的自然美（见图1.13），简单地说是保守和开放的区别。

（2）按个体条件定位。个体的性别、年龄、受教育程度、职业、收入等条件是进行服饰设

图1.12　来自http://blog.sina.com.cn/s/blog_4b8edf29010008jl.html

7

图1.13　Fashion East-Ashley Williams 2013/14秋冬

计定位最常用的分类。不同年龄层次的使用者因为不同的生命周期阶段、不同的生活阅历、经历不同社会年代而对服饰产生不同的追求和爱好，职业差别也会形成不同的生活习惯、价值观念和个人气质。

（3）按社会阶层定位。现代社会的消费行为模式越来越成为一种身份和价值的符号，人们可以根据商品的流向表现出的行为模式和价值取向来界定社会阶层，同时又反过来强化阶层内部群体的认同及与其他阶层的区别。因此，社会阶层消费偏好的差异分析是进行设计定位的又一重要参照。比如，西部牛仔的粗犷随意服饰(见图1.14中直线拼接的牛仔服饰)特点和上流社会的衣香鬓影服饰(见图1.15中亮钻和大量流苏装饰的晚礼服)特点是根据社会阶层延伸而来的定位特点。

（4）按生活方式定位。生活中的每件事物都会从不同的角度反映出个人的生活方式和价值观念。生活水平的提高和生活方式的多元化，导致服饰消费需求的多样化，使得设计中对群体的需求划分日趋复杂起来。设计师应充分地了解这些群体的各种生活方式，作为需求分析和设计定位的参照条件。

（5）按心理模式定位。价值观念、审美情趣的不同构成了不同的心理需求，年龄、职业、

图1.14　Levi's 2012/13秋冬　　　　　　　图1.15　Dsquared 2013/14

社会阶层、生活方式等许多因素的差异最终都会以心理需求模式差异的形式表现出来。因此服饰设计的定位最终还应归结到心理需求上。上层社会的人士也会选择运动或者休闲服饰，来满足舒适自由的心理需求。

1.3.2　服饰设计的原则

　　服饰设计与其他纯艺术的绘画或文学创作有所区别，服饰设计对象是人，是对人进行外观设计。服饰美感的产生必须事先考虑服饰使用者将具体的服饰用在什么时间、地点、场合，随后决定如何利用相关的艺术语言和形式进行设计。服饰设计遵循4W原则，即何时(When)，何地(Where)，何人(Who)，为何(Why)。

　　Who，何人，是指着装者的年龄、体型、职业、经济等个体特征，每一类人群都有比较固定的穿着倾向，可参看上文所述。

　　Where，何地，是环境因素，指着装的地点、场所、场合，包括自然条件下的地域以及社会条件下的场合。每个大环境有不同的自然和文化背景，服饰会呈现不同的文化内涵和时尚气息。

图1.16　Krizia 2013/14秋冬　　图1.17　East3-AWilliams 2013秋冬　　图1.18　Vivaz 2013秋冬

另外，服饰要与穿着场合的气氛协调，比如宴请、婚礼、丧礼、演唱会、办公室、课堂等具体活动的场合。

When，何时，指着装的时间。服饰的季节性很强，表现为时令季节和具体时刻，包括昼夜、季节、时代等因素，同时还包含流行性。

Why，为何，指着装者的着装目的，其心理是款式、用途还是价值。

除此之外，还有TPO原则，是时间(Time)、地点(P)、场合(Occasion)的缩写，与4W原则大同小异。如图1.16～图1.18所示，同为套装，但是由于设计的对象、场合和时间不一，导致所采用的设计元素、手法、技巧也不一样，从而体现不一样的服饰风格和着装效果。图1.16中职业女性的套装，适合商务场合；图1.17中年轻女性的套装，适合休闲场合；图1.18中成熟女性的巴洛克风格套装，适合宴会场合。

1.4　影响服饰设计的相关因素

服饰设计往往带有浓郁的时代背景，而时代的变迁通常依赖于政治、经济、文化、艺术等各方面的综合变化。透过社会风气与社会规范来达到一种服饰审美价值变迁，无论时间长短，不同程度地触动一个时代的脉搏，而这种触动又往往最深刻地触及服饰设计师的灵感，促使他们通过作品来宣泄感受。这些与服饰设计有关的因素，对设计的影响具体体现在每件服饰作品中。

1.4.1 政治因素

服饰受政治的影响由来已久，古今中外各个朝代几乎都有服饰的变更。每次政权的转移，都造成服饰制度的变革，在这种变革影响下，也逐渐形成全新的服饰审美价值观。历史上每当改朝换代之时都会出现衣冠制度的变革来展现新朝代的来临。中国自古以来，服饰制度就是君王施政的重要制度之一，在古代，服饰是身份地位的象征，是个人政治地位和社会地位的标志，人们如果不按照个人身份穿着，要受到严厉处罚。清初统治者把是否接受满族服饰看成是否接受其统治的标志，以暴力手段推行剃发易服，按满族习俗统一男子服饰，受此影响，在中国的主流服饰文化里，也逐渐形成一种满族女真人的服饰审美价值。20世纪60年代"文革"时期，"不爱红妆爱武装"，军服式风格风行整个大江南北（见图1.19），由此表明穿着者对当时政治的崇拜。而在法国大革命时期，法国国旗的红白蓝色成为了革命者战斗的服饰符号（见图1.20、图1.21）。图1.22中四个贴袋的上衣色彩和造型都形似图1.19的中国20世纪70年代的妇女服饰。

图1.19　Hong Di Jin Zi by Liu Yangdong

图1.20　反映法国大革命的油画《自由引导人民》，作者德拉克洛瓦

11

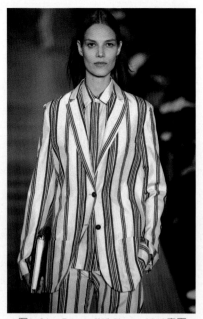 

图1.21　Tommy Hilfiger 2013春夏　　　　图1.22　Burberry 2006/07秋冬

1.4.2　经济因素

经济因素对服饰设计的影响相当显著的直接。经济的发展、大规模的物质生产和发达的物流，使服装流行变化的脚步不断加快，人们变换着装的频率越来越快，进一步刺激流行不断翻新，快时尚(Fast Fashion)品牌如ZARA能把产品周期缩短到15天。同时财富的积累，造就了越来越多的高消费阶层，使之对服装品质的诉求不断升级，奢侈服饰市场前所未有地快速扩张。人们也有更多的时间和能力考虑生命的意义，比如维护家园，珍惜生命与健康，环保意识增强，使绿色概念和天然纤维等绿色材料成为服饰设计的重要趋势。

1.4.3　社会文化因素

流行来自社会和文化，是社会文化动态的晴雨表，任何社会文化思潮的出现都会在流行文化中表现出来，而服饰往往是表现流行文化的先驱，流行服饰更加凸现流行文化的特色。一种文化思潮的出现与蔓延，有时持久且范围广泛，有时为时不长但影响巨大。无论如何，一种思潮的出现总会造成流行的普及。关于文化因素影响服饰设计的情况，在服饰穿着上也自成一套审美价值，并借由服装穿着行为来作为某一团体认同的符号，成为流行服饰界所表现的主流题材。亚文化影响到亚文化团体的服饰，成为不同于主流文化的审美价值。最为突出的例子是20世纪六七十年代波希米亚(Bohemian)文化影响下形成的嬉皮士群体，其超长、披挂、层叠的服饰展现了该文化自由和散漫的特征，见图1.23、图1.24波希米亚风格服饰。

图1.23 20世纪60年代女性嬉皮士的波希米亚服饰

图1.24 Tracy Reese 2011/12秋冬

1.4.4 科技因素

科学技术的发展对服装的流行也有着不可忽视的作用。网络的发展使得流行资讯非常容易进行国际性的交流，这对服饰设计的国际化发展有着决定性的影响。由于科技的参与，服装面料改变最大，新面料的问世给服装流行带来革命性变革，莱卡的发明使得紧身衣风行一时。对服饰的影响还包括服饰创造性思维开发，如王在实利用LED设计的一系列服饰让人耳目一新。其他领域的科技发明也影响流行的走向，将新的科学技术如电子、数字技术、光学技术、纳米技术以及媒体技术等融入设计中，不断给设计注入时代的活力，无缝黏合缝纫技术变革了竞技型运动服的设计，成型针织服装依赖电脑横机技术的发展，等等。

图1.25显示的是电脑横机编织的钩编服装，图1.26是由Sandy Black教授和Penelope Watkins博士设计制作的Knit to fit无缝针织服装。

图1.25　Mark Fast 2011春夏

图1.26　无缝针织服装(来自www.fashion.arts.ac.uk)

2

服饰设计风格

2.1 服饰风格的表现要素

服饰设计风格是服饰整体外观与精神内涵相结合的总体表现，是一个时代、一个民族、一个流派或者一个人的服饰在形式和内容方面显示的价值取向、内在品格和艺术特色，是服饰流行的具体内容，是服饰所反映的情感、情绪和思想观念。服装设计追求的最高境界就是创造新的服饰风格，诠释不同的生活态度、观念和主张。服饰风格意味着服饰具有与众不同的特点，没有风格，意味着没有特点、无法辨认。简单地说，风格就是特色。服饰设计的风格在一定条件下才能产生，它包含了时代、社会、民族、政治、文化及人们的素质修养等因素。设计师在追求个性与时尚的多元化时，运用不同的设计语言和想象力，创造出多样的服装风格，向人们阐述不同的生活态度、观念和主张，带有设计师明显的个性，表现设计师独特的创造性思维及艺术修养，并且反映了时代特色，以风格为内涵展现出来。风格具有连贯性，在不同时期能以不同的形式手法重新演绎。服饰风格是以服装造型、色彩、材质、搭配等为形式，将所有要素（款式、造型、色彩、材质、装饰、工艺等）组合并形成统一而个性的外观效果。使服饰设计具有鲜明的倾向性，在瞬间传达设计的总体特征，产生强烈的感染力和精神共鸣。

2.1.1 款式

服饰外形轮廓通常决定设计的整体风格，外轮廓一旦确定下来，细节的处理很难改变风格的大方向，所以总廓型的构思异常重要。外轮廓是指物体的外围或图形的外框，是界定一个形体周围的边缘线，可以区分一物体与另一物体的界限关系。它也是一个物体的大概的形态，体现该物体的概貌，一定程度上显示其构造感和量感。结构线是塑造廓型的基本手段之一，决定廓型的结构线较为重要的是腰围线和臀围线的高度、肩线和腰线的宽窄及其立体感的强弱、分割线或省道的形状和方向等。服饰外轮廓指服饰与人体的肩、胸、臂、腰、臀等部分接壤相依组成外形轮廓。服饰外轮廓的种类很多，其给人感觉也各相异。不同的服装形式，各代表和反映不同的服饰风格，其基本形式主要有五种：H型、T型、A型、X型、O型。

H型：上下平直，无腰身，缺少线条变化，强调直线，简洁、安详、庄重。法国设计师迪奥于1954年秋推出的服装款式体现了这种风格，其特征为修长、平直，用腰带暗示H型的中央横线。见图2.1～图2.3。

T型：宽肩、窄腰、窄臀，强调肩部，具有阳刚挺拔的感觉。见图2.4～图2.6。

A型：上身较弱，胸部衣身不大，重量在腰部以下，裙边展开，呈上窄下宽。整体感觉生气蓬勃，潇洒活泼，充满青春气息。A型于1995年春由法国设计师迪奥率先推出。见图2.7～图2.9。

X型：贴合女性身体曲线，强调腰部的曲线，充分体现女性苗条妖娆、婀娜多姿的体态美感。沙漏线型，肩部较宽，裙身直，上贴下散线型，臀线以上紧身，裙摆开散。见图2.10～图2.12。

图2.1　Jil Saunders 2013/14秋冬

图2.2　Peter Pilotto 2013/14秋冬

图2.3　Valentino 2013/14秋冬

图2.4　Krizia 2013/14秋冬

图2.5 2010春夏服饰

图2.6 Comme Des Garcons 2010春夏

图2.7 Alexander McQueen 2010/11秋冬

图2.8 Comme Des Garcons

图2.9 JRocha 2013/14秋冬

图2.10 CD 2010春夏

图2.11 Alexander McQueen 2010春夏

图2.12 Vivent Westwood 2013/14秋冬

O型：气球形、蛋形皆属此类廓型。整体造型中间膨大、浑圆、隆起，上下口收紧，状如纺锤、气球，使人感觉松紧结合，活泼有趣。见图2.13～图2.15。

由上述五种基本造型还派生出诸如郁金香型、贴体型、纺垂型、吊钟型、膨胀型、火箭型等造型。

服饰的内分割线是指将服饰整体大块面分割成若干个小块面的线条，也称风格线，会影响服饰风格的形成。内分割线的设计在第三章造型要素中再进行详细的介绍。

2.1.2 色彩

不同历史时期、不同地域和不同的服饰风格具有不同的色彩特征和基本倾向，体现设计者不同的感情、趣味、意境等心理。色彩具有色相、明度、纯度三大属性，任何一个要素的改变都将影响色彩的原来面貌。

色相是色彩的最大特征，是色彩相貌的名称，如红、绿、黄、青、蓝、紫等。

纯度又称彩度、饱和度、鲜艳度或灰度等，指色彩的纯净程度。纯净度越高，色彩越纯，反之色彩纯度越低。当一种色彩加入黑、白或其他颜色，纯度就会发生变化，加入的色越多，纯度越低。

明度又称深浅度，指色彩的明亮程度。常以黑白之间的差别作为参考依据。不同色相之间的明度不同，如黄色明度最高，蓝紫色明度最低。同一色相与不同比例的黑色或白色混合，明度会产生变化。

服饰色彩有多种配色方法，包括同一配色、邻近配色、类似配色、对比配色、补色配色以及无彩色(黑、白、灰)参与配色。此外，还有明度对比、纯度对比、冷暖对比和面积对比等。服饰色彩要与款式、材料、功能、风格等统一协调。

图2.16是红、橙、黄的邻近色配色，图2.17是邻近色配色蓝绿、蓝、紫、紫红的类似色配色，图2.18是黄、紫的补色配色，图2.19是高明度低纯度的色调，图2.20是中明度中纯度的色调，图2.21是低明度高纯度的色调。

图2.13 Frankie Morello 2013/14秋冬

图2.14 Moschino 2013/14秋冬

图2.15 JRocha 2013/14秋冬

图2.16 2010春夏服饰

图2.17 Kezon 2010春夏

图2.18 Sonia Rykiel 2010春夏

图2.19　Cacharel 2010 春夏

图2.20　Balenciga 2010 春夏

图2.21　Lanvin 2013/14秋冬

2.1.3 材质

服饰风格的表现要素之三是服饰的材质。不同的服饰材料体现了不同的服饰风格。材质的再处理、再创作，可极大地丰富服装设计语言和视觉效果，不同材质的搭配也使服饰风格更为鲜明。

从原料角度出发，服饰材质分为天然材质和人造材质。天然材质包括棉、麻、丝、毛等服装材料以及木、金属等服饰品材料。人造材质包括涤纶、锦纶、氨纶等。

从织造工艺出发，服饰材料分为梭织、针织、非织造布。梭织是由经纱和纬纱交织而成的织物，针织是纱线通过线圈相互串套而成的织物，非织造布是纤维通过物理化学的方法黏结形成的织物。除此之外还有毛皮和皮革。

轻柔的雪纺表现浪漫风格（见图2.22），牛仔布料和毛边的处理表现休闲风格（见图2.23）。花呢面料表现了简洁的都市风（见图2.24），是Chanel优雅风格的经典元素（见图2.25）。毛针织是纱线直接编织成服饰的方法（见图2.26），条状金属使内衣外穿的概念进一步深化（见图2.27），黑色皮革经常用于表现未来、朋克等风格（见图2.28），未经处理的皮草显得自然质朴（见图2.29）。

图2.22　Christian Dior 2011/12秋冬

图2.23　Almeida 2013/14秋冬

图2.24　Véronique Branquinho 2013/14秋冬

图2.25　Chanel 2012/13秋冬

图2.26　Sister by Sibling 2013/14秋冬

图2.27　Jean Paul Gaultier 2013春夏

图2.28　MSchon 2013/14秋冬　　　　　图2.29　Thimister 2011/12秋冬

2.2　文化历史背景

服饰风格是通过组成服饰的各要素展现的，而各要素的具体造型、着色以及搭配并非一成不变，每个时代由于其政治、经济、宗教、科学等方面的发展状况不同，导致服饰的流行无论在总的形制，还是款式、色彩上都呈现出独特的审美倾向，这就是文化历史背景下创造的时代风格。不同时代、不同时期的服饰均标示出了不同的信息，特定服饰的形制款式、质料工艺都蕴含有特定的意义。反之，任何一个风格的服饰也都会带有明显的时代烙印，单纯某个服饰风格分析都可能带有独特性，但总带有与同时期的政治、经济、文化相通的内涵，并形成一种区别于另一历史时期的集体风格。

2.2.1　古希腊服饰风格

在古希腊社会，奴隶制的政治制度为艺术的繁荣提供了自由宽松的环境，经常举办运动会来展示健美的人体，雕塑、绘画等艺术作品中有很多裸体或半裸体，呈现出浓厚的人文主义色彩。艺术作品中人物的服饰风格庄重平稳、比例和谐、质朴舒展、流畅简约，具有表现人体之美的特点。古希腊人认为最完美的服装是难以区分衣服和人体的，其特点是着重悬垂感的表现。

古希腊服装宽松的悬垂性服饰，一般是整块长方形的白羊毛或亚麻布，几乎不做裁剪缝纫，披挂、缠绕在身上的，在肩部和腰部借助别针、金属扣、细绳或腰带来固定和系结，靠纺织品悬垂时自然形成的结构和皱纹产生特定的外观效果（见图2.30），随着体态、姿势和动作的不同呈现出丰富多变的形状。主要款式有男女可穿的希同，将一大块方形布料包裹在身上，固定肩部、胸部或腰部，形成犹如希腊柱子般线形的优美褶皱，衬托出健美的人体曲线，创造了一种自然合体的观感，充分体现垂式结构的古典美风格。图2.31中肩部和腰部的系扎、宽松的薄纱体现古古希腊服饰风格的特点。图2.32是古罗马凉鞋，图2.33是以古罗马凉鞋为灵感的现代服饰。

图2.30　跳舞的女孩(Herculaneum.Napels国家博物馆)

图2.31　Vivient Westwood 2013/14秋冬

图2.32　罗马凉鞋(1世纪，伦敦博物馆)

图2.33　角斗士凉鞋(Marios Schwab, 2013春夏)

2.2.2 中世纪服饰风格

欧洲中世纪从公元5世纪开始,这期间教会统治一切,推行禁欲主义思想,称为黑暗时期。中世纪的服饰宽大,遮盖严密,与人体脱离关系(见图2.34)。由于罗马帝国的国土辽阔,所以出现了融合东西方艺术形式的拜占庭艺术,其强调镶贴与缤纷多变的装饰,在男女宫廷服的大斗篷、帽饰上都出现了镶贴、光彩夺目的珠宝和华丽图案的刺绣。这些风格有别于同时期在欧洲地区的服饰,创造出一种融合东西方文化的充满华丽性的拜占庭服饰美。图2.35是以中世纪服饰风格为灵感的现代服饰。

图2.34 达尔马提卡(约9世纪,梵蒂冈)

图2.35 Dolce Gabbana 2013/14秋冬

12～15世纪在西欧和中欧广泛流行哥特艺术风格,在此阶段,宗教思想主导了艺术题材和形式。哥特艺术的主要成就体现在建筑方面,外部特点是有众多的尖塔、拱券和巨大的拱形窗口。这种风格既表现在建筑中锐角三角形,也深刻地体现在当时服饰的审美标准之中。其服装造型运用了哥特式的尖顶形式和纵向直线线条,袖子、靴子、帽子都呈现锐角三角形的形态。哥特女子的服饰特点是上身合体,腰部上移到胸部下方,配上装饰的腰带,腹部微微隆起,下身逐渐宽敞,下摆拖在地面,长袍的下摆自然形成许多尖三角形。罩袍、斗篷都处理成自然下垂的宽松形式,有的服装袖子长而宽,一直拖到地面,见图2.36。圆锥形尖塔状的帽子称为汉宁,用一整块飘动的面纱垂挂在后面做装饰。男子尖头鞋很流行,长可达56厘米。图2.37为现代服饰的A廓型。图案也台同哥特教堂的窗花。

图2.36　油画《阿诺菲尼夫妇》/杨•范•艾克　　　　　　图2.37　KTZ 2013/14秋冬

2.2.3　巴洛克服饰风格

　　巴洛克风格活跃于欧洲的17世纪，巴洛克的字义源自葡萄牙语，意指变形的珍珠，也被引用为表示脱离规范的形容词。巴洛克风格虽然承袭矫饰主义，但也淘汰了矫饰主义那种暧昧的、松散的形式，而是一种运动、活跃、豪华、艳丽、夸张、装饰极强、以男性为中心的服饰风格。巴洛克服装色彩绚烂明快，广泛运用丝绒、锦缎、塔夫绸、缎子、雪纺和毛皮等名贵材料。女子服饰为紧身上衣，领口深大，腰部呈V形；露出的衬衫装饰繁杂的花边与缎带制成的花结；袖子宽大，被系结成几段；女裙重叠，宽大而长，后来又出现了不带裙撑的打褶长裙，外层的裙前中开，并将裙脚拉到后臀，形成内外裙对比。拉夫领是巴洛克风格的一大特色。女子发式不长，头结上的羽饰、丝带悬垂至肩。女子出门带手杖、大的草帽或网状面罩。鞋子方头造型，浅腰高跟，鞋面绣花装饰，鞋扣饰带圈和花结等。男子服饰的装饰则达到奢华和人工造作的顶峰，有精致的衬衣、马甲、短袖高腰夹克、及膝马裤、领巾、披风外套、长筒袜以及方头皮鞋，有许多缎带、环结、蕾丝、褶皱、流苏的华丽装饰，外观层层叠叠，戴卷曲的假发，戴装饰鸵鸟毛的宽檐帽。整体风格倾向女性形体特征。图2.38是巴洛克时期的女子服饰。图2.39是体现巴洛克风格的现代服饰。

图2.38　F.de Liano:The Infanta Isabella clara Eugenia
　　　　（1584，马德里，普拉多博物馆）

图2.39　Alexander McQueen 2013/14秋冬女装

2.2.4　洛可可风格服饰

　　洛可可风格也称路易十五风格，源于1715年法国路易十四过世之后，流行于法国路易十五时期。这种风格产生了一种艺术上的反叛，在继承文艺复兴传统的基础上向繁琐的装饰风格发展，并受到贝壳线形启示而发展，讲究奢华和曲线美，在不对称中寻求平衡，注重复杂卷曲的淡彩装饰，基本上是一种强调C型旋涡状花纹以及反曲线的装饰风格。当时纺织品图案与绘画都具有纤细、轻巧、华丽的装饰风格，表现S形或漩涡形的藤草和清淡的庭院花草纹样。色彩轻快优雅，选用粉色调，配色以同一色或邻近色系为主。材质多见织锦缎、雪纺绸、蕾丝、中国绉纱和塔夫绸。与繁冗复杂的巴洛克风格相比，最显著的差别是更趋向于一种精致优雅、亮丽轻快、具装饰性的特点。洛可可风格的典型特征是女性化、华丽、妖娆。女子服饰由前后扁平、两侧宽大的裙撑、紧身胸衣、倒三角形的胸片、罩在裙撑外的华丽讲究的衬裙以及最外面的罩裙构成。华托服（见图2.40）是著名的宫廷画家华托在画中常表现的一种服装款式，背后类似睡袍，后背从颈部向下设置一排有规律的褶裥，一直垂拖到地上，不显腰身。见图2.41是蓬巴杜夫人像，胸口袒露，大量的丝带、褶皱、蝴蝶结和织料点缀，丝绸服装上还绣着金、银线装饰的花纹。男服是大衣、刺绣背心、紧身齐膝裤、厚跟方头鞋、白色长丝袜、三角帽，头带假发，面部扑粉。

　　洛可可造型常常使用假发，自17世纪起巴洛克风格就有这种传统。由于服装体积较大，视觉效果华丽，所以必须用头饰相配取得平衡，这些高耸向上的发型用蝴蝶、水果、羽毛、丝带等装饰，堆在假发上，见图2.42。图2.43是以此为灵感的现代头饰设计作品。服饰品还有装饰珠宝和大羽毛的帽子、小扇子和绣花高跟鞋。化妆使用美人斑增加魅力或用掩饰伤疤的小绸片贴在两颊或眼睛附近，而且所贴部位可传递不同含义。图2.44、图2.45是以洛可可时期服饰为灵感进行设计的现代作品。

图2.40　华托服．J.F. De Troy: The Declaration of Love, 1973, 柏林

图2.41　Francois Boucher: The Marquise De Pompadou, 1759, 伦敦

30

图2.42　Diana Vreeland服装展

图2.43　Philip Treacy 2013春夏

图2.44　Alexander McQueen 2013春夏

图2.45　Jean Paul Guiltier 2011春夏

2.2.5　帝政服饰风格

新古典主义兴起于18世纪60年代，随着资产阶级势力增长，服饰界对浮华和过度宣泄的巴洛克与洛可可艺术风格进行了强烈的反叛。要求恢复古希腊、古罗马艺术的淳朴、宏伟和肃穆，讲求理智与内敛，遵循古典主义法则创作艺术作品，使之流露典雅、宁静、理性、节制的贵族气。法国大革命之后跃升为服装款式的代表。该风格以自然简单的款式取代华丽而夸张的服装款式，抛弃使人受拘束的非自然的裙撑。古希腊风格服装构成要素包括高腰线、短外套，见图2.46。

帝政风格源于路易十六当政时期，到19世纪拿破仑一世时期是全盛时期。由于拿破仑执政时代又称为帝政时期或帝国时期，所以帝政风格服饰是新古典主义的典型映射，但比新古典主义多了一些高贵、豪华的气息，增添了华丽的点缀，如花边、缀穗、褶裥、刺绣、饰带等。女装塑造成类似拉长的古典雕塑的理想形象。其裙以高腰设计为特点，坦领、短袖，裙长及地，以单层为主，裙装自然下垂形成丰富的垂褶，对人体感的强调与古希腊服装非常类似。庐裙装面料轻薄柔软，色彩素雅。后又出现采用不同衣料、不同颜色的装饰性强的双重裙，并露出内裙。外套是短小紧身的小上衣，窄袖，面料是轻薄的棉或麻，可进一步表现人体自然形态之美。这段时期还流行长的厚披肩。帝政服饰要求头发仿照古典样式，自然呈圆形，周围用缎带扎牢，流行无檐帽和头巾、低跟或平跟鞋。图2.47中的现代服饰高及胸

图2.46　Rouget:Mlles Mollien,1881,巴黎卢浮宫

图2.47　Temperley 2013/14秋冬

图2.48 Gervex: Mme Valtesse de La Bigne 肖像，1889，巴黎卢浮宫

部的分割、自然下垂的长裙，淡雅的色彩都是帝政时期的服饰风格特征。男子服饰也以简洁和整肃为特点，燕尾服被广泛使用，大革命时期的长裤更为合体。

2.2.6 浪漫主义服饰风格

18和19世纪的浪漫主义风潮的历史背景是风云动荡的资产阶级革命。浪漫主义风格是对过分装饰的风格以及粗陋工业化产品的反抗，对古典主义严谨、客观、平静、朴素的一种反抗，追求个性、主观、非理性、想象和感情的宣泄，强调热烈奔放、自然抒情的表达。典型的浪漫主义风格服饰上下两部分的分量相近，肩肘部宽大，强调细腰丰臀，侧面成S形。采用泡泡袖、灯笼袖和羊腿袖，袖子体积较大，有时还在内部放支撑架，从而使上肢部分的服装轮廓很宽大，与洛可可时期袖子较窄并强调下身比例的服装风格区别较大。帝政时期废除的紧身胸衣和裙撑再度流行，裙摆呈圆形，有时露出脚踝，裙撑的使用导致女性行动不便，领口为一字形或较高的花边领。浪漫主义服饰色彩安宁柔和，尤其是高明度低纯度的粉彩色对比度低，具象写实的花卉和格子图案很受欢迎。具有光泽的华丽绸缎被广泛使用，华丽的帽子和服装装饰大量的花边、缎带和蝴蝶结，整体风格女性化，注重身体走动的美感，给人轻盈飘逸的印象。女士戴长手套，出门带阳伞，晚会时带折扇、大手帕。男子服饰上衣前襟加长外凸，弧线优美，双排纽扣的领位上移，内穿双层背心，加上领结或领巾使胸部隆起，腰部收紧，下摆放大，裤子在后腰部加碎褶，使得臀部丰满，整体呈现女性化形象。图2.48是19世纪的肖像画，图2.49是体现浪漫主义风格的现代服饰。

图2.49 Christian Dior 2010春夏

2.2.7　20世纪的服饰风格

从近代的服饰发展来看，服装设计师在强烈表现自我的独特审美观念和创作个性的同时，常以创立自己的思维形象和个人风格体现其卓越的设计天才。由于有了众多设计师及其各具特性的设计风格，使得服饰设计界人才涌动，呈现出一片繁荣景象。自20世纪初以来，许多国际时装设计大师以卓越的设计才华和独特的设计风格而盛极一时，并在时装的发展史中产生了深远的影响。

（1）20年代服饰风格（见图2.50～图2.52）。20年代人们开始流行到海滨胜地度假，喜爱户外活动，Paul Poiret、Coco Chanel等是当时著名的服饰设计师。此时西方的服装设计一度转变为追求东方的宫廷服饰神秘的情调，吸收东方服饰艺术的灵感，开始强调直线性造型。受俄罗斯芭蕾影响的装饰艺术风格、女权主义带来的男孩风格和爵士乐盛行时期的舞会装扮风格都体现了20年代的服饰特征，裙长到膝、没有腰线或腰线降低，不凸现胸部和臀部。注重装饰效果，珠片、几何图案、褶裥等大量运用。这时期的服饰色彩受到东方文化影响，纯度不高而柔和。Coco Chanel的人造珍珠项链是20年代最流行的配饰。

图2.50　Van Dongen: Jasmy Alvin女士, 1925, 巴黎

图2.51　Coco Chanel 1924-26纽约大都会博物馆藏品

图2.52　Etro 2012春夏

图2.53 Katharine Hepburn wearing an Adrian gown in The Philadelphia Story, 1940

图2.54 Temperley 2013/14秋冬

(2) 30年代服饰风格（见图2.53、图2.54）。两次世界大战的爆发，经济萧条，人们对美好生活的向往使得如同好莱坞电影一样华丽精致的服饰流行开来。女装宽肩、细腰、裙摆紧窄贴体，突出胸、腰和臀部的女性曲线，呈A、X廓型。蝴蝶结装饰、抽褶以及亮片装饰是常见的设计手法。色彩主要是纯度适中的棕色、深绿、灰色和黑色，金色和银色也是表现重点。柔软的绉纱、人造丝和闪光缎子适合表现女性的风格。贝雷帽、粗高跟的圆头露趾鞋和中跟的系踝鞋是流行的配饰。人造钻石、手链、信封包和手套都必不可少。

(3) 40～50年代服饰风格（见图2.55、图2.56）。战后的生活开始慢慢恢复正常，表现女性曲线的设计形式又成为主流。造型感和高雅端庄的女性气质是重点。Dior的新风貌一举成名，随后每年都推出两个新造型，如郁金香型、A型系列、纺垂型等。上衣肩部合体，腰身苗条，裙子为敞开式圆摆裙。色彩绚丽，高纯度色彩如红色、橙色、紫色、黄色等称为主角。材质包括丝绸和呢料。鞋子流行尖头、狭窄、高跟。帽子和手套也是正式场合必备的服饰品。

(4) 60年代服饰风格（见图2.57、图2.58）。60年代西方经济飞速发展，文化思潮风起云涌，战后出生的一代成长起来，反叛意识强烈，服饰风格由成熟传统转变为年轻前卫。标准的装扮是超短裙、紧身连裤袜、大波浪短发。Mary Quant率先推出超短裙，适合清瘦的少女，塑造天真可爱、充满朝气的形象。造型以H和A型为主，款式简练，上装短小、肩部较窄，腰部宽松，裙长膝上。色彩充满幻想，如霓虹色和粉色系，注重色彩之间的拼接。印花是60年代的象征，大花、几何、抽象图案、动物条纹应用广泛。高科技的合

图2.55　Christian Dior1947春夏
（Victoria & Albert 博物馆藏品）

图2.56　Louis Vuitton 2010/11秋冬

图2.57　Self Sevice，第25期

图2.58　Kate Spade New York 2012/13秋冬

成面料如PVC、漆皮和皮革是流行的材质。配饰夸张、简洁、大尺寸，有超大墨镜、大手镯、水晶和金属装饰的包、松糕鞋等。此外还有Piere Cardin的未来主义风格、嬉皮士风格等。

（5）70年代服饰风格（见图2.59、图2.60）。波希米亚风格、朋克风格是70年代盛行的两种不同风格。紧身夹克、喇叭裤、大印花衬衫，色彩缤纷、浪漫质朴，牛仔布、麻、棉等面料，以及坡跟鞋、厚底鞋都是70年代服饰风格的典型表现。

（6）80年代服饰风格（见图2.61）。人们崇尚健康和休闲的生活，职业妇女在社会的地位越来越高。在服饰上的表现为夸张肩部的T廓型，大衣、衬衫和外套实用性强，色彩靓丽，呢料是

图2.59　20世纪70年代Woodstock音乐节

图2.60　Roberto Cavalli 2011春夏

图2.61　Antonio Marras 2013/14秋冬

主要的材质。服饰品超大，宽腰带、巨型耳环等非常流行。中性风格、军装风格、迪斯科风格以及日本服饰设计师带来的解构主义风格是80年代的主要服饰风格。

2.3　服饰设计的风格类别

2.3.1　经典服饰风格

经典风格典雅严谨、和谐统一，比较保守，具有传统服装的特点，不太受流行影响，经过长时间仍能保持生命力，也为大多数女性所接受，尤其是讲究品味的女性所钟爱的款式（见图2.62）。传统的西式套装是经典风格的典型代表。廓形多呈现X、Y、A形，极少O、H形设计。造型相当规整，线条多分割线，少装饰线。面料多采用精纺面料，如羊绒、精选毛料等。色彩采用中低明度、高纯度的色彩，如藏蓝、酒红、墨绿、宝石蓝、紫色。细节设计多常规领形如圆领、V领、方领、翻领等，衣身多为直身或略收腰形，袖形以直筒装袖居多，门襟纽扣多对称，口袋设计为暗袋或插袋。可在局部使用少量的绣花和印花，多以领结、领花等领饰修饰服装。图2.63是经典风格的套装，通过方块形图案的点装饰加入了变化。

图2.62　经典风格的大衣

图2.63　GArmani 2013秋冬

2.3.2 优雅服饰风格

优雅风格是具时尚感和成熟感、外观和品质较华丽的一种风格。设计上考究精致，廓形以X、A廓形为主，色彩典雅，面料高档，表现优雅脱俗的形象。点造型主要表现为少量而精致的点缀，如：纽扣、别针；线型造型主要以分割线为主且左右对称，装饰线运用的较少，主要表现为线迹；面造型较多，设计较为规整，以公主线、省道、腰节线为主。在细节设计上领形以翻领和西装领为主，袖型以筒型装袖为主，门襟左右对称，主要采用纽扣固定。口袋多采用贴袋和暗袋。色彩多用纯度低的紫色调、咖啡色调、中性色等。面料采用天鹅绒、绸缎、钩织物、乔其纱、羊驼等。夏奈尔的作品是这个风格的典型代表。图2.64中黑白两色，公主线分割，优雅女神感。图2.65中低纯度高明度的浅灰调子、中袖披肩型上衣、长铅笔裙、金属扣腰带，低调精致。

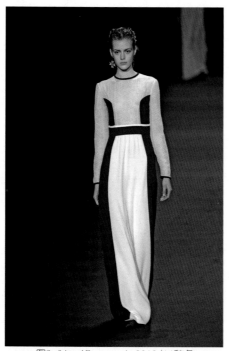

图2.64　AFerretti 2013/14秋冬

图2.65　Nina Ricci 2013/14秋冬

2.3.3 浪漫风格服饰

浪漫风格服饰特点是华丽优雅、柔和轻盈，强调如梦如幻和精致的感觉。局部处理别致细腻，如波形褶、花边领、丝带、刺绣等。衣料质轻、柔软、垂感好，如天鹅绒、塔夫绸、雪纺绸、丝绸、巴厘纱、薄棉布和纺毛花呢等。图案清淡柔美，配饰娇柔充满女人气，如珍珠、宝石和蝴蝶结。图2.66是X廓型，夸张臀部，收紧腰部，紧身胸衣和裙撑的结合；长裙的无数长条薄纱，金色的绣花蔓延覆盖其上，梦幻而唯美。图2.67中透明薄纱上白色的圆点图案，袖口、裙摆的喇叭造型，胸部的V型，都展示着浪漫风格。图2.68中的荷叶边、蝴蝶结、薄纱都是浪漫服饰风格的要素。

图2.66　Alexander McQueen 2011春夏　　图2.67　Blugirl 2013秋冬　图2.68　Christian Dior 2011/12秋冬

2.3.4　中性服饰风格

中性服饰指男女皆可穿的服饰，如T恤、运动服等。女装的中性风格指借鉴男士服装的设计元素，弱化女性特征，是一种时尚的较有品位的服装风格。廓形设计大多采用筒型、直线造型。在设计元素上以线造型为主，采用直线、斜线，大多非装饰线而是结构线。面造型元素几乎都采用左右对称形式。在领型设计上变化较多，很少采用圆角多采用折角。袖型以插肩袖、装袖为主，袖山高耸，袖口紧收。采用暗袋或插袋。下身多采用中裤、短裤、陀螺裤、裙裤。色彩明度较低，较少使用鲜艳的色彩。面料选择广泛，但几乎不使用女性味太浓的面料。图2.69中程式化的男装三件套(西装、背心、西裤)呈现绅士般的中性风格，白色为主色，衬衫领的黑边带来变化。图2.70的风格特点同图2.69，去除领子的漆皮外套、衬衫胸部的透明薄纱、衬衫纽扣的黑白变化使得正装活泼、年轻化。图2.71中大衣、双排扣西装和礼帽、领结、手帕、信封包等服饰品，趣味的获取来自服饰品的明艳色彩，胸针再进一步弱化硬朗的感觉。图2.72中上翘的肩部、直廓型大衣、利落的层次、简单的装饰都是中性元素。

图2.69　Jean-Pierre Braganza 2013春夏

图2.70　Ruffian 2011/12秋冬

图2.71　Dsquared 2013/14秋冬

图2.72　Krizia 2013/14秋冬

2.3.5　休闲服饰风格

以穿着和视觉上的轻松、舒适、随意为主
（见图2.73～图2.76）。休闲服饰外轮廓简单，
在造型元素上没有太大的倾向性，点造型、线造
型、面造型都很多，线条以自然的弧形设计为
多，在面料上采用棉、麻和混纺材料，如棉布、
水洗布、牛仔布、鹿皮绒、仿皮面料等，色彩明
朗单纯，以大而醒目的图案作装饰。领形多变，
但驳领较少；袖子变化较多，有宽松袖、紧身
袖、插肩袖、中袖；门襟对称和不对称均有，多
使用拉链、尼龙搭扣、纽扣固定。

2.3.6　运动服饰风格

运动服饰风格活力、健康轻松、潇洒利落，
是融合了现代意识，是具有都市气息的服装风
格。廓形以H型和O型为主。造型多采用线造型和
面造型，线造型以弧线和直线居多；面造型以相
对规整地拼接形式居多。领型以V领、翻领居
多。门襟采用拉链、纽扣、绳带固定，且左右对
称。袖型多采用插肩袖、落肩袖、宽松袖，袖口
多为螺纹紧口袖。口袋以暗袋、插袋为主。下身
配以锥形长裤和运动裤，用嵌入式彩色线条分割
造型。鞋配以长筒靴和运动鞋。面料多使用棉、
针织等突出机能性和舒适性材质，色彩明亮动
感。图2.77中针织上衣的肩部、肘部设计和裤子
的双色分割设计都体现了运动服饰风格。图2.78
中拉链、色彩对比强烈的条带、紧身裤是运动服
饰风格典型的设计元素。

2.3.7　前卫服饰风格

前卫服饰风格可根据所受影响的艺术风格分

图2.73　Sport Max 2013秋冬

图2.74　Vivient Westwood 2013秋冬

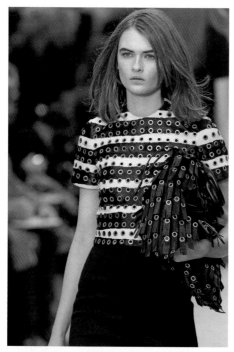

图2.75　Burberry 2013/14秋冬

图2.76　Antonio Marras 2013/14秋冬

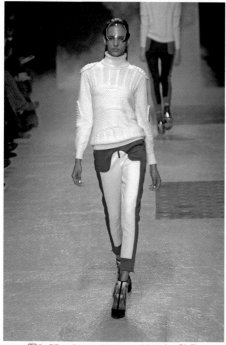

图2.77　Ground Zero 2013/14秋冬

图2.78　Thomas Tait 2013/14秋冬

为波普服饰风格、欧普服饰风格、抽象主义服饰风格、超现实主义服饰风格、解构主义服饰风格等艺术风格以及街头服饰风格、朋克服饰风格。这些前卫的服饰风格突破一贯遵循的美学标准，打破传统的古典意味的和谐、协调的规律，追求奇特，富于幻想，展现标新立异、叛逆刺激的形象，是张扬个性的服饰风格。服装线形变化较大，强调线条、色彩、面料肌理的对比。不遵循传统的廓形设计，结构变化多以不对称形出现，局部设计夸张。运用奇特的材质，装饰手法无所限制，如毛边、破洞、补丁、花边、金属贴片、铆钉等。面料上多采用奇特新颖、时尚刺激的面料，色彩不受限制。服饰品通过夸张和打破常规思维的创意手法，展现强烈大胆的服饰视觉效果。如朋克服饰风格代表为Vivient Westwood，在反文化意识的作用下，将地下和街头时尚结合，创造叛逆的形象。图2.79中金属、黑色、皮带等是典型的朋克服饰风格元素。图2.80中头部的木条装饰是极为前卫的装饰。图2.81中黑白方格呈现出欧普风格。图2.82中对服装本来的前后片、袖子进行解构，重新设计。

2.3.8　都市服饰风格

都市风格服饰(见图2.83、图2.84)大方、简练、具有现代感。造型简洁，直线条较多。色彩简单明快，多用黑白灰中性色系。面料精致，如精纺毛料、呢绒等。

图2.79　Versace 2013秋冬

图2.80　Craig Green 2013秋冬

图2.81　Louis Vuitton 2013春夏

图2.82　Issey Miyake 2011/12秋冬

图2.83　SFerragamo 2013秋冬

图2.84　Osman 2013秋冬

2.3.9 乡村风格服饰

　　田园乡村风格与人们厌倦都市紧张繁忙生活而向往自然的古朴生活的情绪相联系，服饰设计从大自然和乡村生活方式吸取灵感。回归大自然风格的服饰包括T恤、牛仔衣、毛衣、衬衫等，平底鞋、木制饰品等。款式造型较为自然、简朴，廓型随意，线条宽松，不需要繁琐的装饰和人为的夸张，色彩也更接近自然本色如白、绿、咖啡色等，材质多为牛仔布、灯芯绒、方格布衬衫料、条纹布、花呢和表面粗糙的编织品，富有肌理感，手感较好。见图2.85～图2.87。

图2.85　白色和小碎花的棉布
　　　　随意的廓型　　　　　　图2.86　Vivient Westwood的耳环
　　　　　　　　　　　　　　　　　　　以草编、麦穗为题材　　　　图2.87　Rodarte 2011/12秋冬

2.3.10 民族风格服饰

　　民族风格的含义非常广，包含了世界各民族的服饰，是以民族服饰为蓝本，借鉴中西各民族服饰的款式、色彩、图案、材质、装饰，结合现代人的审美意识与当下出现的新材料和流行色，创造出充满异域风情的服饰风格。比如中国风格、日本风格、波希米亚(吉普赛)风格、非洲风格、印第安风格、西部牛仔风格等。波西米亚风格服饰是吉普赛民族的风格，具有流浪、不羁和自由的特征。20世纪60年代波西米亚的生活理想、行为方式及装扮风格在反文化群体中流行，嬉皮士以波西米亚的服饰风格为时尚，反叛社会价值体系和道德标准。特点是新颖自由打破惯例的繁复多层次穿着形式。服装造型上宽松舒适，典型款式有长及脚踝的大花裙子，上面层层叠叠的褶皱，有流苏的拼接背心等。面料粗犷厚重，色彩浓烈，图案以繁杂的花形图案

为主，装饰繁多，如荷叶边、流苏、刺绣、珠片、盘扣、嵌条等。大量饰物长绕垂挂在身体各部位，形成错综复杂的穿戴形式。并融合多地区多民族特色，如俄罗斯的波浪褶裙，印度的珠绣和亮片，摩洛哥的皮流苏和串珠等。通常搭配平底鞋和长靴。图2.88中皮帽、精美的绣花，将俄罗斯风格变化得优美高雅。图2.89是典型的中国汉族服饰风格：红色、金色龙图案、立领、大襟、棉袄。图2.90是波希米亚风格服饰。

图2.88　Temperley 2012秋冬　　图2.89　夏姿•陈 2013/14秋冬　　图2.90　Anna Sui 2011春夏

2.3.11　青春服饰风格

　　青春服饰风格主要是针对青少年群体，它以表现年轻人浪漫、可爱、纯情、活泼为特点，比如近几年流行的洛莉塔风格。款式造型多见于小上衣、露脐装、超短裙、长靴。在造型元素上采用点造型、面造型、线造型、体造型。点造型采用纽扣、工艺图案、面料图案、别针饰品等多种形式。线造型采用直线、弧线、斜线、分割线或丝带等装饰线。面造型可繁可简，变化丰富。在领型设计上表现多种多样，很少采用规整的领型，如丝带抽褶、多层次花边、蝴蝶结、刺绣等。袖子变化也很多，如灯笼袖、喇叭袖、泡泡袖、荷叶袖、长袖、短袖、中袖等。衣身设计一般较短，上身设计长度至腰部或肚脐中部，兼有低腰和中腰设计。下身设计至大腿或膝部，如超短裙、喇叭裙、中裤、短裤。腰部多装饰带。总体造型给人以年轻、自信、活泼、乐观的感觉。面料不受限制，多采用棉、麻、丝、仿毛花呢、塔夫绸等朴素材料。色彩采用高明度、高纯度，如水彩、糖果色等。图2.91中粉色针织两件套，其针织及膝裙、运动鞋、夸张的贝雷帽，以及图2.92的款式、色彩、装饰和搭配，均体现了青春少年的风格。图2.93中浅蓝的衬衫裙、白色衬衫领、花苞裙摆，无不体现少女纯真气息。

图2.91 SbySibling 2013秋冬

图2.92 FashionEast2-RLO 2013秋冬

图2.93 Peter Som 2013春夏

3

服饰设计
美学原理

服饰设计的完成是美的形式的完成，人类的审美情趣就沉淀于完成的服饰之中。服饰作为一种人类审美心理的物化形式，通过面料、款式、色彩、装饰等各种审美表征因素的组合和服饰的适体、和谐、韵律等整体效果达到一种美的视觉效果，使服饰具备整体美感，实现服饰的审美价值，充分展示服饰的美的特征。

3.1 审美角度

服饰美是一种有普遍影响力的审美形式，服饰整体的审美必须通过服饰的各种组合实现，款式、色彩、质感、肌理、线条、构成关系、装饰等因素以直接的感知或生动具体的形象表达着服装的美感。具体来说，服饰的整体美是通过形态构造美、色彩美、机能美、材质美、工艺加工美、个性美、流行美等要素综合显现的。

图3.1　Julien Macdonald 2013/14秋冬

3.1.1 人体美

服饰是立体的艺术，与人体是分不开的，要和人体结合形成服饰形象，服饰与人体之间的关系要恰当、确切。服饰的载体(人体)是活动的，在展示静态表现的同时，更多是动态的表现，不仅要符合静态和动态的人体，而且在静态和动态时都和人体保持一种和谐的关系，不妨碍人体运动，使服饰从各个角度看上去都美观。美化人体是服饰艺术的基本作用之一，表现人体美和弥补形体缺陷也是服饰的一种设计技巧。服饰的主要美学功能就是突出人体美，成为美化人体的一种艺术，这是服饰美与其他艺术美不同之处。人体美包含着外在和内在两方面，服饰要体现人体外在形体的自然美感，内在的美是指人的本质和通过人的表情、体态传达的丰富多样的思想境界。服饰塑造的人体美的形式和内容在不同时代、社会、国

图3.2　Balmain 2013/14秋冬

图3.3 Sonia Rykiel 2011/12秋冬

图3.4 Christian Dior 2011/12秋冬

家、民族和阶级是不同。图3.1的紧身礼服，亮片内凹面和透明纱侧面的组合，更强化女性婀娜多姿的曲线。图3.2中暗绿色的长裤、毛衣的单肩设计和黑色，衬托了细滑白皙的肩部和手部线条。

3.1.2 整体美

服饰整体美是服饰美一个综合性的原则，是一切艺术审美价值的内在机制，决定了服饰美的整体构架，是由服饰造型因素产生的美感。要充分设计服饰的各个部件包括衣服、帽子、鞋子、袜子、发式、首饰等，获得整体的造型美，同时合理安排比例、平衡、韵律、调和、统一等形式美内容。造型美还要和色彩、材料、流行等因素结合起来。此外，不能超越服饰的机能而单纯追求造型的独特和新颖。图3.3中帅气的长裤搭配性感的比基尼，服饰配件包括毛皮披肩、围巾、包，暖色调的格子面料，整体造型优雅帅气，带着贵族气质。图3.4中轮状皱领、锥形帽、不规则散落的圆点，面料肌理的片状再处理，营造略阴郁的小丑是灵感的高级时装造型。

3.1.3 色彩美

服饰首先使人映入眼帘的是色彩，只有色彩与款式的完美与和谐的结合，才能充分地展示服饰美。色彩美感通过色相显示与色调构成而获得，其审美特征明显，具有表情性，能够传达美的感情意味，如色彩的兴奋与沉静、暖与冷、前进与后退、活泼与忧郁、华丽与朴素等。图案带来的审美感觉也可以归属于色彩美。色彩美包括两个方面，一是服饰本身具有的色彩美感，包括材料的色彩美和服饰搭配产生的色彩美；二是服饰与外部环境因素的协调产生的色彩美，包括服色和肤色、饰品和肤色、肤色和环境等。

图3.5的瀑布蓝为潘东色系。图3.6中的瀑布蓝凉鞋，鹅黄色鞋底和鞋跟，邻近色的组合，低彩度高明度，像春天般柔美明媚。图3.7中的瀑布蓝项链，桃红色底、瀑布蓝珠宝镶嵌在服装上形成满地小图案，两者相互呼应，色彩饱和度高、对比强烈，黄金色作为点缀、中和色出现更体现了服饰高贵的格调。图3.8中红色和黑色的玩味通过两者间各种派生色、方块面分割和利落的款式展现。图3.9中黑白水墨画的图案，几抹淡彩色在呈抽象感的外廓形，又是另外一番色彩美。

图3.5　瀑布蓝

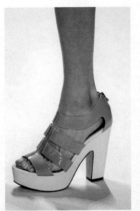

图3.6　瀑布蓝凉鞋

图3.7　瀑布蓝的项链

图3.8　Issey Miyake 2013/14秋冬

图3.9　Mary Katrantzou 2013/14秋冬

图3.10 Alexander McQueen 2011秋冬

3.1.4 材料美

丰富多彩的材料是构成服饰美的另一个主要因素，包括材质美与肌理美。材质美是材质纤维结构等自然性能产生的视觉美与触觉美，材料天然的自身品格展示出特有的质地，让各种材料充分发挥自身的美感。肌理美是指：通过材料不同的加工方式、材料的再创造或新的材质组合方式而形成的材料美。同一材料的构成，如打褶、镂空、浮绣、扎结、拼缀等，不同材料组合借用不同属性互相衬托、互相制约的原理，如厚薄、软硬、分量感的组合使得服饰的质感更强。图3.10中使用了羽毛和纱线的极限组合。图3.11中运用打褶手法进行服装肌理再造，形成折纸的效果，褶皱的方向和位置是设计的重点。

3.1.5 流行美

服饰的时间性分界是相对严整的，有着自己发生发展和演变的历史。形制、款式、用色、材料、工艺、品鉴等诸方面随着时间的推移及历史的演进而具有流行性，这些属于当今流行之列便使人产生审美的认同感。现代人不大会穿古代的衣服，而古代的人也预想不出现代人的服饰形制。图3.12中都包含了2013春夏的流行元素方高跟。图3.13中不约而同都表现了2012/13秋冬的流行主题之一是壁纸图案。

3.1.6 工艺美

工艺美是通过服饰的工艺因素产生的美感。服饰工艺是服饰的设计要素和材料要素合二为一的技术手段，影响设计意图的表达和服饰的品质。工艺美也包括装饰美，装饰是美化服饰的重要方法，故装饰美也是服饰美学的重要范畴。服饰的装饰内容形式十分丰富、缉明线、缀扣子、饰襻、镂空花、镶色、饰边、图案、花边、刺绣、嵌线、滚边以至面料上的图案都

图3.11 Krizia 2013/14秋冬

图3.12 Carven 2013春夏、Fendi 2013春夏

图3.13 伦敦时装周的Issa和米兰时装周的Louis Vuitton

属于装饰的内容。图3.14中菊花的刺绣和波浪的印花相融合的细腻工艺之美，以技术展现东方题材。图3.15的中国结、绳袢、盘扣的工艺运用到了整件服饰各个部位。

图3.14　Barbara Bui 2012/13秋冬

图3.15　Christopher Kane 2013/14秋冬

3.1.7 功能美

服饰美是实用性、技术因素、意识形态、服装形式的完美结合。服饰不只实现某种艺术效果，服饰设计首先应考虑服饰功能。服饰功能强调实用性，实用性通过适用(活动自由)、护体(防晒、御寒、防水、防火、防虫咬等)、舒适(透气性、滑爽性、柔软性造成的肤觉适意)得以实现，实用功能的优化在形式上的表现即为服饰功能美。如图3.16中通过拉链、贴袋、肘部和腰部的弹性橡皮筋、连身衣的形式体现了功能上的美感。

3.2 形式美原理

服饰和其他艺术一样不能用固定公式来衡量，这是由于每个人的观念不同。然而从古今中外的服饰中仍可以找到公认的美的观念，并从中归纳概括出相对独立的形式特征，发现其规律性，这些具有美的形式的共同特征被称为形式美法则，即对称、平衡、对比、变化、统一、比例、节奏、韵律等。形式美体现在服饰的造型、色彩、肌理以及纹饰等方面，并通过具体细节(点、线、面)、结构、款型等表现。形式美原理的具体应用必须注重整体性的完美表现，服饰整体和谐美必须注意调和与对比、比例与尺度、统一与变化、节奏与韵律、对称和均衡、反复与交替。服饰设计除了题材与内容外，还必须有一个完美的艺术形式，才能更好地表现美的内容。恰当利用设计的形式美法则，巧妙地结合服装具体功能和结构，一定能推出新式的服装款式。

3.2.1 反复

相同相似的形、色构成单元重复排列，或者利用相异的两种以上单元轮流出现，前者在统一中求变

图3.16　Thomas Tait 2013/14秋冬

图3.17　Willow

图3.18　Kenzo 2013春夏

图3.19　Jean Paul Gaultier

化，后者也称交替，在变化中求统一。造型元素在服装上反复交替使用会产生统一感。如图3.17中白色的纽扣紧密排列，视觉上有延伸感。图3.18的迷彩色图案面料在比基尼、外套下摆、腰带反复出现。

3.2.2　渐变

反复的形式呈现规则或不规则的渐次变化时，如由大到小、由强到弱的递增或递减，会形成协调统一的视觉效果。规则渐变实质上是以优美的比例为基础，富于韵律性，如赤、橙、黄、绿、蓝、靛、紫的色彩排列。不规则渐变的变化没有规律可循，强调是感觉上或视觉上的渐变性。如图3.19中横向条纹和间距由窄逐渐向群摆方向变宽。图3.20中的色彩从内向外由深变浅，形成扭曲的褶皱。

3.2.3　韵律

韵律也称旋律，指节奏按照一定的重复形式、一定的比例形式、一定的变化形式组合在一起。韵律是节奏形式的深化，是一种富于感情的节奏的表现。正确运用节奏的手段，可以使服饰获得一种韵律美。单调有规则的反复和杂乱无规律的反复都能产生节奏韵律感。韵律的基本形式有：连续韵律是同种要素无变化地重复排列；渐变韵律是同种要素按某一规律逐渐变化的重复；交错韵律是同种要素按某一规律交错组合的重复；起伏韵律是同种要素使用相似的形式按某一规律作强弱起伏变化的重复。在服饰设计中，韵律可表现为线形、色彩、图案和质地的反复、层次、渐变、呼应等，包括衣领、袖、口袋、袋沿、袋盖、门襟边、衣摆边等局部之间，纽扣、系带、腰带、花边、皮边等配饰之间，服装的整体与局部、面料与配饰之间的配置关系。此外，外轮廓线、结构线、分割线、细部的线

图3.20 Alexander McQueen 2011春夏

图3.21 Elie Saab 2013春夏

图3.22 Tess Giberson 2013春夏

图3.23 Emilio Pucci 2013春夏

图3.24　Sass Bide 秋冬

形都是形成韵律感的重要设计要素。如图3.21中横向花边的层层叠叠，排列的间隔从上而下，契合了人体胸部、腰部、胯部、腿部形成疏密浓淡的韵律感。图3.22中网眼布在领部和肩部的交错不规则拼接，形成活泼跳跃运动的旋律。

3.2.4　比例

比例是整体与部分、部分与部分之间的数量关系，整体形式中一切有关数量的条件，如长短、大小、粗细、厚薄、浓淡、轻重等，在搭配恰当的原则下即能产生优美的视觉感受。任何一种比例的变化都会产生一股流行的潮流。比例的形式有很多，最有名的是黄金比，即一线段与另一线段的比是1:1.618，是最美的、视觉感觉最舒适的比例关系。其他形式还包括等差级数、等比级数、调和级数等。等差级数是以一单位为基准，把它的二倍、三倍、四倍等求得的数值依次排列，即成等差系列的比例（如2、4、6、8），这种比例富于秩序的结构。等比级数是将前项以公比所得的数列（如2、32），这种形态的比例能产生强烈的变化。调和级数是以等级数为分母所得的数列（1/2、1/5），这种形态的比例较等差级数富于变化。服饰设计中，不仅包括领、袖、袋、分割和整体服饰，还包括服饰的各种装饰与整体服饰、服饰的上身与下身、内衣与外衣等的色彩材质比例。设计师靠修改比例实现不同的美，时尚也经常打破这些预期的规则来创造夸张的视觉效果。如图3.23中反映了短外套和及地连衣裙的比例。图3.24中上衣和下裙对等的比例，通过色彩的对比获得变化。

3.2.5　对比

个性差异大或相反的元素放置一起，通过比较，相异的特性更为突出。对比是调节服饰过于呆滞的有效方法，使之变得生动活泼或充满不安定感。服饰设计通过形态、色彩或质感的对比来制造强烈的视觉效果，需要注意把握量和度，否则会产生不协调的感觉。此外，对比因素过多会形成杂乱无章的效果。根据对比力度的强弱可形成渐变、变异、特殊等服饰造型形式。服饰设计中对比的应用广泛，包括色彩冷暖、深浅，质地厚薄、粗细、软硬、滑糙，整体造型和细部廓形等的对比。如图3.25中灰色呢料和透明黑色薄纱进行材质对比，块面分割的感觉更加突出。图3.26中迷彩夹克和羽毛小短裙的风格对比，体现时下流行的混搭概念。

图3.25 Antonio Berardi 2013/14秋冬　　　　图3.26 Christopher Kane 2013/14秋冬

3.2.6 平衡

　　服饰形态的平衡包括平衡服饰设计作品不同部分的视觉重量或者空间。服饰设计用这种方法改变服装平稳呆板的感觉，带来生动悦目的装饰效果。服饰形态的平衡分为正式平衡和非正式平衡。

　　正式平衡又称对称，指造型要素相对两边各部分在大小、形态、距离和排列等方面均一相当，给形态以最大秩序性，具有平稳、单纯、安定、稳重感，但如处理不好也会产生乏味、单调、呆板、生硬、沉闷。单轴对称是一根轴线为基准，在轴线两侧进行对称构成，有时视觉上过于统一而显得呆板，局部做小变化或通过其他造型要素如色彩、材质等进行变化；多轴对称是两根或多根轴线为基准分别对称造型要素；点对称或回旋对称以某一点为基准，造型要素依一定角度作放射状的回转排列，通过旋转的感觉，形成稳定而蕴含动感的效果。

　　非正式平衡也称均衡，中心点两侧的造型要素不需要相等或相同，但在视觉上同样产生相对稳定的平衡感。不同的造型、色彩、质感、各种装饰物等要素环绕一个中心组合一起，把各自的位置与距离安排得宜，两边重量、质地、形状、色彩等方面的吸引力相等形成视觉平衡，在非对称状态中寻求稳定又灵活多变的形式美感。平衡的两种形式在服饰设计中包括了整体和细部、细部和细部之间的线形、色彩、图案、材质、装饰的平衡。

　　图3.27中上衣的褶皱偏向左，下裙在臀部的造型偏向右，取得廓形和装饰视觉上的平衡

图3.27　Doir 2013/14秋冬　　　　　图3.28　LWren Scott 2013/14秋冬

感。图3.28中领部的荷叶边、公主线、腰祥、袖扣无一不体现绝对的正式平衡。

3.2.7　调和

调和也称协调，是形态、风格、色彩和质感等所有设计元素之间合理地组织统一与变化，使各个部分相互关联、呼应和衬托，以求整体多样统一，共同创造一个成功的视觉效果。调和分为类似调和与对比调和两种类型。类似调和指相同的或相似的东西有共同的因素和特征，容易融洽产生协调，富于抒情意识，具有柔和、圆融的效果；对比调和是构成服装元素之间看似没有共性的东西，但组合运用得当也可产生共同的积极因素，其对比关系又能相互调适而形成融洽，使之富于说理的理念，具有强烈、明快的感觉。对比调和的最佳方法是在对立面中加入对方的因素或者双方加入第三者因素，颜色的深浅、衣料的厚薄、光泽与粗糙、重与轻、款式的宽松与细窄、短长等都是构成对比调和的因素。如图3.29中各种锯齿形及其衍变的黑白几何图案形成类似调和。图3.30中肩部和短裙两侧用牛仔面料，以及用麂皮靴子和背心调和各种花卉、佩兹利和格子图案。

3.2.8　统一

统一是在服饰设计时，在历史上`个体和整体的关系中通过对个体的调整使整体产生秩序

图3.29　Tom Ford 2013/14　　　　　　　图3.30　Anna Sui

感，形成风格的统一。统一包含了两种意义，一是部分连成整体、分歧归于一致，在各个部分组合中，要把各个部分整体贯通、构成内在的联系，从而形成一个有机体；二是性质相同、形状相似，在服饰各个部分构成上，要把性质相同或形状相似的造型要素组合在一起，达到各个部分的相互一致。这种统一的视觉效果，能同化或弱化各个部分的对比，缓解视觉的矛盾冲突，加强整体感。重复统一是将共同的形象因素并置在一起，形成一致的视觉感，统一感最强。支配统一表达主次关系，整体处于指挥、控制的地位，部分则依附于整体而存在，当事物的部分与部分之间形成一定秩序就形成统一的美。如图3.31中纱、皮草、亮片用柔和的造型统一了风格。图3.32中几何形状统一了色彩的差异化。

3.2.9　强调

在运用线条、图案、色彩等因素进行装饰时，要突出重点，塑造吸引力。强调最重要的是确定兴趣中心，要调动各种方式来突出重点。包括强调主题、强调色彩、强调材料、强调工艺、强调配饰等形式。服饰设计的强调通过局部点缀，如领肩袖胸腰等部位，纽扣、拉链、花边等配饰，运用不同材质、色彩、图案，或者不同工艺手法取得突出的视觉效果。如图3.33中橙红色的小领在白色超大衣身上无疑是被进行了强调，灰色的肩部起到缓冲的作用。图3.34中简单的西服套装，用超出常规思维的结构和肌理结合手法强调了袖子。

图3.31　Jean Paul Gaultier 2012/13秋冬

图3.32　Marc by Marc Jacobs 2013春夏

图3.33　Lacoste 2013/14春夏

图3.34　Comme De Garcons 2013/14春夏

3.3　设计的造型元素及视觉中心

服装形态是通过点、线、面、体以及服装各构成要素以一定的形式组合而成。从造型的构成上看，视觉语言符号是点、线、面、体，通过这四者的关系，即点、线、面的排列、积聚、分割和组合，形成服装的造型。服装造型作为一种视觉形态，又是由服装的外部轮廓线和服装的内部分割线以及领、袖、口袋、纽扣和附加饰物等局部的组合关系所构成的。服装式样除了可作廓形变化和点、线、面变化以外，还可以采用局部变化的手段，如领形变化、袖形变化和袋形变化等，这些变化也都能起到衬托和美化服装式样的作用。服装造型和一切艺术品的造型一样，既要有实用性，又要有审美性。

3.3.1　设计的造型元素

3.3.1.1　点

点是服装造型的要素之一，是一个具有一定空间位置的、有一定大小形状的视觉单位，也是空间最小单位的形态。点具有两方面特性，一是点的大小不固定，衡量形态的大小关键在于比较，即可以说点和面是相对而言的，要看面的大小而定；二是点的形状不固定，包括方形、圆形、三角形、自由形等任何形状等。

点的形态在服饰造型中多种多样，常常被赋予装饰功能，表现为纽扣、领结、戒指、胸针等。点分为两类，一是几何形的点，其外形大多呈直线、曲线和弧线等几何形状，几何形点的形状一般较为稳定，不会随着穿着和人体运动而变形，有一种规整、明快的感觉，装饰味较浓；还有一种任意形的、可改变形状

图3.35　Lanvin 2013/14秋冬

的点，其外形多呈斜线、曲线或较为自由的绞形，自然、活泼、动感很强，如围巾结等。

点的作用是多方面的，与点的形态、位置、数量、排列等因素息息相关。点在空间所处的位置常表现出一种聚向而成为视觉中心，非常容易牵动视线，起到强调和点缀的作用。点的不同数量及大小的设置会产生不同的感觉。从点的大小看，表现出不同的视觉强度，大的点距离显得近，视感强烈；小的点，距离显得远，视感较弱。但点若是过大，就失去了点的特性，而向面转化了，有松散、不精巧的感觉。从点的数量看，单一的点可以标明位置，吸引人的注意

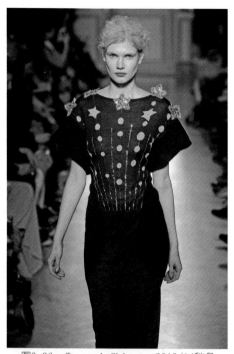

图3.36 Tsumori Chisato 2013/14秋冬

图3.37 Stella McCartney 2013/14秋

力，具有明显的静态感；两个以上的点的放置则构成视觉心理的连续感；多个点可使注意力分散，活跃气氛，丰富视觉变化的移动感。从点的表现看，点少表现重在点的形态变化上；点多表现重在排列的形式上。从点的排列看，相同点的排列可构成心理上的连线，点的有规律反复可形成节奏。当点横向或竖向排列时，连续的点有很强的韵律感。此外，点的距离越近，其移动感越强；点的距离越远，移动感越弱。从点的色彩看，点和所在的面具有图和底的关系，点和底的色彩差异大，效果就鲜明；差异小，效果就减弱。如图3.35中散布在上衣的蜻蜓可看作是点造型。图3.36中圆点由腰向领有规则的渐变排列以及星星在领部周围的点缀都是点的造型设计。图3.37中黑点在以胸部为中心呈现的聚散造型，在透明纱上格外引人注目，是比较纯粹的以点造型进行设计的范例。

3.3.1.2 线

线是具有一定长度的点的移动轨迹。线的特征包括八个方面：线的状态、粗细、连续性、尖锐度、轮廓、连贯性、长度、方向。线的形态主要分为直线、曲线和折线三种，各自产生不同的联想和感情。直线具有男性特征，表示稳定和力量。直线有垂直线、水平线、斜线三种。垂直线具有修长、高耸、刚劲和挺拔感；水平线具有沉静、平和和稳定感；斜线具有不安定和运动感。

曲线是软性的线，具有女性特征，表现阴柔之美，具有圆润、优雅、柔和、流动、轻松、愉快、变化的性格特征。曲线的不同类型各具特点，圆形弧线特征是充实、饱满；椭圆形弧线特征是柔软，同时也具有圆形弧线的特征；两条平行的曲线构成的线叫双曲线，具有平衡感，装饰性更强、更活泼；抛物线是一种接近流线型的线，特征是流畅、前进，具有速度感和现代感。

折线具有中性特征、曲折和不安定感。折线根据其折角的大小可表现缓和或尖锐的感觉，根据其折角的频率表现急速、躁动、不安或平缓、微变的特征。

在服装造型上线是面与面相交的地方，把领、袖、前片、后片等连接起来，使服装成型，使服装造型表现人体的曲线。平面的线穿到人体后，随着人体动态的不同姿势的变化，线的形态也产生变化，富有生命力，所以服饰设计线的应用必须考虑人体的立体效果。线的感觉会随材料种类、织造方法、光感、重量、厚薄、手感和颜色的不同而有不同的表现，线的构成可用不同色彩不同质地显示，这些线的组合使服饰产生不同效果。服饰设计中线的造型包括轮廓线和内部线。外轮廓线决定了服饰形态和外轮廓，第二章服饰风格中具体讲述了外轮廓的分类和特征。下面主要详细介绍内部线。

服饰造型的内部线的表现很复杂，如明线、省缝、抽褶、滚条和花边，甚至领带、腰带都有线的性质。服饰内部线按功能分为结构线，如肩、摆、袖、省道等不可缺少的实际缝线；装饰线，有明线和暗线，这种线条不仅本身要合理协调，还要具有一定美感。内部线可使服饰产生挺拔、柔和、粗犷、纤细、宽窄、平稳、活泼等不同的感觉。线也可造成服装形态不对称的效果，如运用附属装饰物打破本来服装结构上对称的呆板，造成活泼生动的视觉效果。

结构线组织服装的空间廓形，起骨架作用，衣片之间的缝合线是平面裁片按人体结构的立体形态组合的合理结构线，是设计师经过反复思考后从整体推算出来的，这种设计线必须符合整体设计要求。结构分割线是根据省位转换原理，采用刀背缝、过肩缝等形式形成凹凸立体效果，使服装符合人体的曲线同时具有装饰上的变化。

装饰线在服饰设计中有分割面的作用，把较为空洞的面用一条线、两条线或多条线进行分割，会增加面的内容和含量，分割后的面还能形成极为丰富的比例关系。利用线的这种特征可改变人体形象，掩盖人体的某些缺陷。人的视线总是受外界的刺激活动的，当空间没有任何东西时，眼睛就不会发生特定的运动，如果空间配置一条或少数几条线，眼睛就会沿着线的方向运动，但如果配置太多的线条，眼睛就无法一条条看清，视觉注意力就不在线条上，感觉也就起了变化。分割线就运用这种视觉上的变化，追求分割的比例美和着装的丰富情趣。装饰线分成垂直线、水平线、曲线、斜线，这四种分割线分别呈现不同的视错效果，产生不同的情趣。

垂直分割线的服装，通常能使人显得瘦长些；但当垂直分割线之间距离过大时，则会把人的视线引向宽度方向，反而产生横向扩张的错觉。垂直分割线还具有挺拔、严肃和端庄的感觉。

水平分割线具有沉静、稳重、开阔、柔和的感觉。水平分割线的服饰能使人显得宽些、胖些。间距相等的水平分割图案使人感觉横宽；但间距按一定规律变化的横条排列图案，也能引导人的视线上下移动，从而产生高度增加的视觉效果，由此也能使人显得高。

横竖结合的分割线可以综合发挥垂直竖向和水平横向分割线的不同视觉作用。

图3.38中两款造型基本一致，但在前中处理上，左图为波浪形曲线，右图为直线，从而形成左图女性化、右图硬朗的不同感觉。图3.39中是以直线的方向设计。图3.40中胸部、腰部和臀部的金色曲线是点睛的设计。图3.41中通过拉链、色彩体现分割线。图3.42中是通过针织组

图3.38 JMacdonald 2013/14秋冬

图3.39 Philosophy by Alberta Ferretti 2013春夏

图3.40 Versace 2012春夏

图3.41 Preen by Thornton Bregazzi 2013/14秋冬

织结构的外观特性，形成具有浮雕效果的直线和荷叶边。

3.3.1.3 面

图3.42 Mark Fast 2011春夏

面是一个二维空间的概念，是造型中又一重要的要素。从动态看，面是线的移动轨迹，是线的不同形式的组合，而在实际的形态感觉中，面又具有一种比点大、比线宽的形的概念。既然是二维空间的，所以有一定的幅度和形状。面的大小造成不同的距离感，构成了对视觉的不同刺激感应，大的面视觉感充足，小的面视觉感就微弱。

在服饰设计中，面有时就是面料的裁片或是裁片弯曲后的直观形态，其形象既有裁片的形状，又不完全拘泥于裁片的原形，大多呈现的是裁片的连接和局部成型之后的直观感受。其形状和状态是极其丰富的，有平面、曲面、有规则形状的面、不规则形状的面或者具象的面、抽象的面。面的形状不同，视觉效果也就不同。几何形是指形态简洁规整的图形，具有机械、冷静、现代感强、易于加工制作等特点。自由形是指形态自由多变的图形，这样的图形大多源于自然形态的启示或是随意勾画出的形态，具有轻松、活泼、自然等特点，具表现力和人情味。自由形的使用要比几何形更符合服饰的软雕塑特性，尤其适合较为轻薄的材质和复杂的形态对面的需求。自由形也以其随和细腻、灵活多变的形态优势，满足人体体态的需要，表现人的内心世界和丰富情感。

由于服饰围绕人体构成立体的状态，所以面的形态在外观上只能是一种大体的形状，而不是严格的具体的图形。服饰中的面很少有纯粹的方形、圆形、三角形直接出现，大多要把方形转化成长方、扁方、梯形或多边形。并且面也很难以单纯的平面状态出现，而多以几何曲面、自由曲面的形式构成。直线及曲线集结成的服饰廓型与服饰内形的各个局部形面需协调相适，相适性造成的视觉上的平淡调和，可以在整体协调的基础上进行一些局部的变化。

面在服饰中还起到衬托的作用。点、线的形态一般要比面的形态小，并依附于面而存在，面在其中就起到衬托它们的作用。被面衬托的还有一些小面的存在，被衬托的形态常常是较为鲜明而突出的，但离开了衬托面的存在，点、线形态的突出也就不存在了。

不同的形面因为色彩会引起视觉强弱的变化，同样的形面，呈暖色、对比色、黑白色、鲜艳色的容易突出，呈冷色、调和色、灰暗色的容易弱化。

图3.43中是红黑白块面造型。图3.44中的透明纱将服装分成看似不相连的黑色面。图3.45中袖子、贴袋都可以看作面造型。图3.46中纽扣形成的点、荷叶边形成的线和细格面料围裙状的面，完美地演绎了点、线、面三者的结合。

图3.43　Michael Kors 2013春夏

图3.44　Alexander Wang 2013春夏

图3.45　Marco de Vincenzo 2013春夏

图3.46　Meadham Kirchhoff 2013/14秋冬

3.3.1.4 体

　　体是具有空间厚度的立体造型，如衣身、袖子、裤腿、立体的装饰等。这种由创意形成的体，是设计师在时装构成中需要刻意去追求的，它基本分为两种类型：一是围绕人体而构成的体，亦称围绕体。这种体与人的体态、动态紧密相关，其构成形式和外观状态要受到人体体态的制约。它既可以是适体型的，也可以是宽松型的，但都以围绕人体为基础。这样的体的容量不管是大是小，都要或多或少地带有人体体态的特征。二是附着或游离在人体之外的体，亦称附着体。这种体与人体的体态、动态关联较小，独立性较强，与人体相连或相关的只是它的某一部分。这样的体大多不能独自存在，总要与围绕人体构成的体组合在一起使用，但它的视觉效果却要比它所依附的体更加醒目、突出。在设计创作时，需要极为注重这种体的形象特征以及它与围绕人体部分连接的巧妙，以突出时装造型的新奇和美感，改变和丰富时装的造型效果。这种附着体由于不受人体的直接限制，可以向人体以外的空间自由地拓展，因而，它的设计创意更加自由，效果更加明显，创作也更具表现力。

　　图3.47中羽绒肩颈形成围绕体的概念。图3.48中一样肩领部的体造型，但灵感明显来源于古埃及法老服饰。图3.49中肌理再造的臀部造型形成附着体的概念。图3.50中表现了臀部的体造型。

图3.47　Atsuro Tayama 2012/13秋冬

图3.48　Victor&Rolf 2012/13秋冬

图3.49　Stéphane Rolland 2012春夏　　　　图3.50　Vivient Westwood 2013/14秋冬

3.3.2　设计的视觉中心

3.3.2.1　视觉中心的概念及意义

　　视觉中心也叫趣味中心、设计中心或设计焦点，指在整个设计中引起视觉兴奋的部分，将视觉中心聚集到一个特定区域，具有聚拢视线的作用。任何服饰都有其设计的重点和视觉中心，由此构成款式细节上的独特特征。如果在设计中堆砌许多元素，易形成视觉焦点分散和款式累赘。处理好设计中的视觉中心，可以增添设计的审美意味，使平淡乏味的作品既实用又有艺术性。设计构成要素均可成为服装的侧重点，但材料和工艺的视觉是分散的，而造型和色彩则很容易形成视觉焦点。

　　选取视觉中心的总原则是依据服饰种类和人体特征，选择最能表现人体美或反映服装构思的部位。通常一套服装一个视觉中心，一般不超过两个，两个中心的位置要合理放置、大小要有所侧重，如将视觉中心分别放在设计的正面和背面。如果需要放在同一面时，最好把两者的内容处理成主次关系，否则两个设计中心会相互抵消，难成中心。在布局构图上，两个视觉中心最好呈对角线交叉，这样容易在视觉上顺着人体结构而形成S形，因为S形曲线被公认为是最美的曲线。

3.3.2.2　视觉中心的处理效果

在决定了视觉中心的位置、数量、题材等要素以后，还要考虑视觉中心的具体设计问题。如同服饰整体设计一样，视觉中心的设计也存在构成、方法、工艺等具体问题。简单讲可以从其与服饰的关系角度，分别从整体与局部、局部与局部的关系构思设计。

（1）整体与局部。视觉中心是相对于服饰整体而言的，从这个角度考虑，为了防止视觉中心与整体过于统一，感觉单调无变化，视觉中心应该形成主要从色彩和材质两方面变化。具体可分为同色同质、同色异质、异色同质、异色异质，同色同质的强调效果相对较弱，异色异质时视觉中心的效果则最为突出强烈。

① 同色同质。同色同质指的是视觉中心使用与整件服装完全相同的面料，只不过运用不同的造型手法创造出不同的形态，使其跃然于整体之上。当感觉款式比较单调，但又需要避免太过花哨的款式的时候，以用同质同色的面料在某些部位创造一些或平面或立体的其他造型强调一下变化。如图3.51中色彩缤纷的格子面料西服套装，结构化的肌理再造形成大花朵，视觉效果极其强烈。

② 同色异质。同色异质设计是指在服装上使用与服装整体相同颜色的不同材料进行局部设计，借此强调这个局部使其成为令人注目的焦点。在设计时，应注意根据风格的不同和设计要求选择相应的面料，视觉中心的材质与整体服装的材质风格相近时，在视觉上较容易形成统一。但是当视觉中心的材质与服装材质反差较大时，则容易形成视觉的对立感，使得中心非常突出。如图3.52中从腰部斜向延伸而下的薄纱裙摆在同

图3.51 Comme des Garcons 2013/14秋冬

图3.52 CDoir 2013/14秋冬

图3.53　Issa 2013春夏

图3.54 Celine 2013/14秋冬

色的精纺面料上，形成视觉中心。

③ 异色同质。运用不同色彩强调变化极易取得效果。当需要强调部分的色彩与服装整体色彩为同类色或邻近色时，带给人的视觉反差较小，较易取得融合的效果；而当其色彩与整体色彩为对比色时，会带来视觉上强烈的冲突感，使得强调部分更加突出，但要避免用色太过生硬，否则局部与整体不相干，无法统一。如图3.53中超长裙摆蓝紫色印花格外显眼，这类在素色底上局部印花的手法是同质异色构成视觉中心的典型。图3.54中红白蓝胶袋的反面形成视觉中心。

④ 异色异质。异色异质因为包含了色彩和材质两种差异，所以对设计视觉中心的强调效果最为明显。当需要突出的部位在色彩和材质上与整体都不同时，一定要注意在两者之间寻找关联性，或者加一些过渡设计，使得完全不同的元素能够自然衔接，否则会产生突兀感。异色异质视觉中心使得设计鲜明、富有活力。如图3.55中的裙子为蓝色丝绸，腰封为黑色漆皮，是异色异质手法强调的腰部视觉中心。图3.56中的黑灰白格子裙身，黑色漆皮侧片和胸部，构成胸部的视觉中心。

（2）局部与局部。指从视觉中心与设计中的某一局部或两个视觉中心之间的关系方面进行的设计。这类设计很少考虑色彩的因素，一般情况下两个视觉中心的色彩相同比较好，因为出现两个视觉中心时要有主次，而使用不同的色彩最容易使两者互为中心，容易造成视觉上的混乱。从材质和形状两方面考虑两个设计中心的关系，具体可分为同质同形、同质异形、异质同形、异质异形四种类型。

① 同质同形。两个视觉中心的材质和形状都相同时，特别容易形成统一，最需注意避免没

图3.55　JSaunders 2013/14秋冬　　　　图3.56　Versace 2013/14秋冬

有变化，这就需要在视觉中心的布局和大小上下些功夫。两个视觉中心尽量不要放在轴对称的位置上，否则对称的两个中心会显得呆板，斜线交叉或者在视觉中心寻找某种关联物，以在视觉上形成某种曲线为妙，同时注意大小要有变化。如图3.57中双肩相同的提花鹰头图案具有强烈的双视觉中心效果。

②同质异形。两个视觉中心在同质异形时它们本身就在统一中有了变化，相同的材质已经使得它们有了关联性而不至于因形状不同而互不相干，但也要注意差异性的程度。不同的形会对服装的风格产生影响，可根据设计要求来选择其形状，差别太大时两个不同的形也容易发生冲突，使服装倾向于轻快风格和前卫风格。两个形相近时会相对优雅。图3.58中的面罩、腰带和鞋子，是整个造型的视觉中心，使用同样的金属色材料。图3.59中皮草大衣的衣领和腰部以下用不同的色彩形成了两个视觉中心。

③异质同形。与同质异形相似，异质同形的两个视觉中心也比较容易统一，但其变化程度要相对更强烈。对于局部造型来说不同的材质比不同的形更容易引人注目、突出效果，所以在使用时更要注意把握服装的整体风格的统一。如图3.60中上下装的面料不同，但是相同的花朵造型形成上下两个视觉中心。

④异质异形。跟整体与局部关系中的异色异质道理相同，两个异质异形的视觉中心在色、形、质设计三大构成元素中有2/3的差异性，所以也会有较为明显的视觉效果。在设计时要特别

图3.57　Jean Charles de Castelbajac 2012/13秋冬

图3.58　Alexander McQueen 2013/14秋冬

图3.59　AMarani 2013/14秋冬

图3.60　Valentino 2013/14秋冬

注意在变化中寻求统一，或者大小一致，或者在布局上寻找某种过渡性关联成分，使其能够很好地衔接。异质异形设计可改变服装风格。如图3.61中肩部的蜻蜓胸针和腰部的纱质花朵形成的两个视觉中心。

图3.61　Lanvin 2013/14秋冬

4

服饰设计构思、主题及方法

4.1 主题灵感

4.1.1 灵感来源

4.1.1.1 寻找灵感

任何艺术作品都体现创作者的灵感，而灵感又指导着艺术创作过程中的思维活动。创作灵感来源于世界上存在的或不存在的任何事物，灵感素材可以是有形的物体也可以是无实体形态的，或是社会文化生活的某个领域和某个现象。由于个人对生活的理解，工作经验、环境、文化素质、艺术修养的不同导致思维方式的差异。要想成功地寻求灵感源，捕获灵感，客观上既需要有服装的专业知识又需要有对服装相关艺术的了解，还需要对历史、时事、科学技术的关注，主观上还要有勤于思考、执著追求的精神。然而，灵感又是可遇而不可求的，灵感具有突发性、偶然性。不同设计师对不同的灵感源会有不同的反应、产生不同的灵感，即使是同一位设计师在不同的时间、地点、场合、心情下看到同一种灵感源也会有不同的反应，产生不同的设计灵感。

不论构思的灵感是怎样产生的，都不能仅仅依靠冥思苦想得到。需要有的放矢去关心、发现、寻找有关服装方面的信息。创造灵感的产生不是偶然孤立的现象，是创造者对某个问题长期实践、不断积累经验和努力思考探索的结果，它或是在原型的启发下出现，或是在注意力转移、大脑的紧张思考得以放松的不经意场合出现。最终，构思灵感的形成常常来源于生活，来之于某一事物的启发与刺激，其背后带有某种必然性，知识面广博才能厚积薄发。有的人形象思维比较活跃，一般有了设想，再去选择面料和辅料，然后逐步完善构思。有的人从面料的风格和特性中得到启发。在进行立体裁剪的过程中，当面料覆盖于人体时，布料的悬垂所产生特殊的静态造型，启发设计师新的创作灵感。由于引发构思的途径是多方面的，可从结构造型上，面料花色上，服装工艺和装饰手法上产生种种新的构想，甚至一粒纽扣、一个饰品都可触发出构思的灵感。根据一个灵感源，可以有不同风格、定位和方向的创作取向，如何选择很重要。

(1) 大自然。源于自然界的素材是最生动和富有感染力的，无论静态的山水植物和动态的生物，还是各种地域的风情景物比如热带非洲的沙漠树林、美洲平原的高峡平湖、欧洲大陆的古堡田园，常常激发设计的灵感，获得主题性的启迪。对异域风情的关注猎奇，几乎是所有设计者拓宽想象空间的途径方式。面对丰富的素材资源，选择的关键是所追求的艺术风格和是否能打动人们的内心世界。如图4.1所示，项链的灵感来源于花朵。

(2) 时代社会。服饰是社会的一面镜子，社会文化动态的变化也处处影响着服饰的发展。每一次社会变化和改革，如科技的发展、环保思潮、街头文化，新的生存状态的提出等，都会

图4.1　灵感来源于花朵，来自www.accessories.com

图4.2　FashionEast3-AWilliams 2013/14秋冬

为服饰传递不同的信息，提供创作的灵感。历史的变迁所展示的每个时代的风采，呈现出强烈的时代特征，对寻觅新的设计构思有着足够的吸引和触动，将这种情感移至艺术的创作，成为灵感来源。可以参考前面第二章讲述的各种时代的服饰风格。如图4.2所示，灵感来源于美国摇滚乐之王——猫王，他的风格体现了20世纪50年代的印记。

（3）历史文化。现代服饰是传统文化的发展和延伸。国内外传统文化艺术的各种形式包括很多素材，绘画、建筑、文学、音乐、雕塑、手工艺品、工具等都可以作为服饰设计的灵感源。随着后现代特征的蔓延，各种文化相交融合的主题设计已经成为一种趋势，把各种元素杂糅在一起，以迎合当代人类丰富又复杂的心理需求，将某些相反文化特征的元素交融在一起设计形成文化的碰撞，更具张力和震撼力。如禅文化为许多服饰品牌提供灵感的来源（见图4.3～图4.5）。

（4）艺术。舞蹈、电影、绘画、建筑、诗歌、摄影、传媒艺术、卡通艺术、装饰艺术等众多的艺术形式是融会贯通的，实质是用不同的物化形式来表现思想意识。设计师会以不同形式把具有文化内涵的艺术与服饰艺术融合一起，让人们对服饰艺术有新的认识和见解。来自艺术作品的灵感对许多服饰设计师始终有着强烈的吸引力。伊夫·圣·洛朗从荷兰抽象画家蒙德理安的作品《红、黄、蓝构图》中得到灵感，并移植到系列时装的造型中，获得了巨大的成功。图4.6所示的灵感来源于著名的画家Gustav Klimt作品《吻》。

（5）民族服饰。不同的民族拥有各自不同的文化背景，在审美观念、风俗习惯、文化艺术、宗教信仰等方面也各不相同，民族的特点是非常容易通过其服饰文化来展示的，东西方民族长期以来形成的不同服饰是极为丰富宝贵的财富。苏格兰人的方格裙、西班牙人的斗牛盛装、印度人的纱丽头巾、日本人的和服、朝鲜人的高腰裙装以及中国满族人的旗袍等等，这些样式各异的、凝聚着人类智慧的精美之作，在被当成传统文化保留的同时，也成为现代新的服饰构想灵感来源。如图4.7～图4.9所示，展现了现代苗族服饰作品的灵感来源于苗族传统服饰。

（6）科学与幻想。航天航空、网络信息化、基因工程等技术的飞速发展，带动了服装技术，尤其是纺织品材料和加工技术的飞速发展，同时也为设计师们提供了广阔的想象空间和灵感来源，以科技为灵感来源进行服饰设计已成为当代设计中重要的一个方面。科学技术的发展也促使

图4.3 和尚（摄影Seb Baltyn）

图4.4 Exception de Mixmind 2010/11秋冬

图4.5 Maison Martin Margiela pre-fall 2011

图4.6　L Wren Scott 2013/14秋冬

图4.7　苗族传统服饰，
来自香港设计学院

图4.8　苗族服饰，来自www.
dailytravelphotos.com

图4.9　Ika Butoni 2011/12秋冬

图4.10　灵感来源星空，来自www.accessories.com

人们对未来充满幻想和想象，丰富的想象成了服饰设计的又一主题来源。如图4.10所示，灵感来源星空。

4.1.1.2　提炼灵感

任何一种事物都有可能成为灵感源，而且每种事物有很多种观察方法，从平时司空见惯的事物中去发现美，去剖析它带给你的感觉和想法是什么，这种感觉和想法就是创作灵感。有了这个灵感还不够，还必须进一步分析这个灵感的实质，否则，它将不能被有意识地或建设性地用于设计之中。关键是要确定一种能被大众所理解的方法将灵感运用到服饰中。这就是提炼灵感的过程。通过提炼灵感元素，逐步发现是什么将你吸引住，并且可以确定设计主题。以美好的事物作为灵感，常能提炼出优美和谐的常规主题。而以某些令人厌恶或者恐惧的事物做主题，就可以提炼出离经叛道的反常规主题。

4.1.1.3　转化深化灵感

发现并了解了灵感源的本质之后，就要将这一灵感运用到设计中去。首先要将所发现的这一灵感源剖析成诸多的"零部件"，并从这些"零部件"中提取适合的设计元素。不同的设计师对于同一个事物会有各自不同的想法和感受，因而就会用不同的主题去表达和诠释。如何进一步地使感觉或灵感上升为完整流畅的美的创造，需要做更为具体深入的反复推敲。

4.1.2　服饰主题

　　主题是文学、艺术作品中所表现的中心思想的核心，是艺术表现中思想内涵的集中反映。主题既是素材选取的核心部分，也是意欲表达的情感依据，极易生发艺术创作的灵感闪现，营造出生动别致的美妙形式。主题是表现的构思中心，通过主题传达设计者的精神取向和态度。服饰作品虽然受到面料、裁剪缝制工艺的限制，具有较强的功能性和实用性，但就设计创作过程和表现形式而言与文学、艺术创作的性质基本相同，也就是蕴含在时装作品之中的中心思想。

　　主题的选择要能反映时代的风貌、艺术风格、民族传统、社会风尚和流行风潮。主题设计的关键是了解、分析主题的灵感来源，明确主题真正的意图。造型设计从确立主题开始，要把功能、内容与表达形式作为一个整体来考虑，并且有主题要求的设计首先要使题材合乎情理又富有新意，围绕一定的主题去发现和寻找元素，可能是具象的或抽象的，可能是社会生活或大自然，也可能是各种艺术形式，如绘画、音乐、戏剧和电影等，这些元素就是设计的灵感源，是展开想象和创作的基本元素。随后，通过对这些基本元素的分析、理解和再创作，把它们升华和物化，这个过程是一个从灵感到设计的过程，体现了不同设计者对生活的理解和感悟。由主题检查服装造型的形、色、质，再由组成服装的每个因素检查主题表现的准确性。以艺术类创意为主题的设计必须在构思上灵活大胆，强调独创性，突出超前意识，注重创造力的发挥；以实用类创意为主题的设计则注重市场化的含量，并从批量生产方面思考其工艺的流程和具有可操作性的规范技术。图4.11所示，现代神话(Modern Myth)的四个主题分别是未来民俗(Future Folk)、冬季传说(Winter Fables)、古代未来主义(Ancient Futurism)、宇宙服装(Cosmic Couture)。分别见图4.12～图4.15。

图4.11　WGSN 2014/2015秋冬服饰趋势(现代神话)

图4.12　未来民俗的五个主题板　　　　图4.13　冬季传说的五个主题板

图4.14　古代未来主义的四个主题板

图4.15　宇宙服装的四个主题板

4.2　设计构思

当设计的目的明确之后，便可以进行构思。构思是指孕育设计作品过程中所进行的思维活动，没有一定的模式。设计者通过对客观事物的观察、体验、分析、研究，并经过一定的情感引申与理性推断，然后以此为基础加以选择、提炼、加工的初创过程。构思包括确定服装的造型与选择合适的面料和色彩、考虑对应的结构与工艺、设想样衣的穿着效果等，在头脑内完成服饰面世所需的一切。艺术创作是构思与表达的统一体，最终以作品体现构思。

设计的最初阶段是在调查、收集资料的准备工作上的初步实施工作，是停留在脑子中的构思形象或构思草图，尚不定型，是设计的雏形。通常是采用素材搜集、灵感获取和提炼深化的步骤，围绕服装设计的主题，从外形、局部、色彩、材料、装饰、工艺、配件、穿着行为等多方位去思维，多角度去考虑。考虑如何将个性化的元素和工作有机地联系起来将成为设计构思的重点。尽可能有多种构思方案，可将不同的构思效果勾勒在草图上，然后进行比较、思考、选择，使构思不断深化，不断出新，加以完善。

4.2.1　款式方案构思

款型配饰方案用概括的手法对主题风格做一大致的款型设计，把握未来设计的整体风格。造型设计构思不会一次性通过定稿，初步设计到最终定稿是在边推敲、边酝酿、反复完善的构思中进行的。初步设计构思的服装款式比原定设计要求的款式数量上要多一些，以备在征求不同方面的意见时进行筛选，淘汰不成功的款式，修正部分不成熟的思路。这些初步定出的设计构思是服装造型设计的第一步。款式决定了服装的整体造型和结构特征，同时很大程度上决定了服饰风格。

服装上的廓型是指服装的整体外形轮廓感，是服装给人的第一印象，对传达服装总体设计的美感、风格、品位起很大的作用。款式的设计方案同样是对主题风格的提炼，对未来款型的粗略想法。整体廓型及主要结构的构思确定后，设计师对服饰结构及造型的细节考虑、对细部结构的考虑反映出服饰内部空间及其有关的比例关系，这些内在的比例关系需要兼顾到

图4.16　王海震的款式设计草图

与整体廓型之间的比例，这就是构思的深化。对整体廓型的构思需要用整体形态的速写草图(见图4.16)表现和记录，对细部结构的构思则常伴随一个个局部设计图的分析和整理。

4.2.2　色彩方案构思

　　色彩方案是根据主题内涵所确定的一系列用以表达主题内涵的视觉形象。通过素材中具有相似特征的物象之间的色彩联系，提炼出相关的色彩，根据主题意化出一系列色彩，包括明度或灰度的和谐、色相和灰度的对比等，形成色彩方案，色彩方案指导具体设计的展开。如图4.17所示。

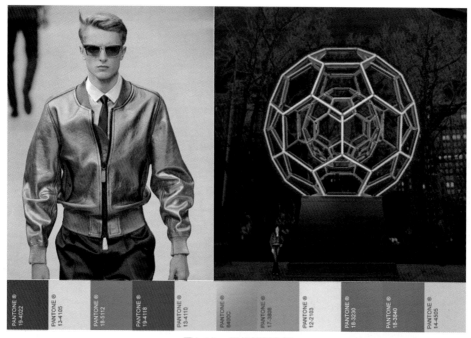

图4.17　　现代神话色板

　　对色彩的构思最初是以服装的整体色调呈现在脑中，这色调首先来自主题确定之后的色彩方案。在色彩方案中选择一个基调，作为系列产品的主色调，这是对整体色彩风格的把握。把握好服装的整体色调对服饰的整体美尤为重要。组成服装主色调的色彩如果暖色偏多，其整体基调就为暖调，如果冷色偏多，整体基调则为冷调，冷暖之中，还有深浅的细分，明度和纯度的细分。借助色彩烘托服装的整体风格时要注意发挥色彩的感情效应。

　　色彩基调的构思完成之后，就需要考虑色彩搭配。在一种主色调下，一定需要其他色彩的加入，以丰富、强化或反衬主色调的色彩效果。加入色彩的色相、明度和纯度，与设计主题的色彩方案息息相关，是色彩总体力度的深化、细化。加入的色彩在服装中占有的比例、位置，与设计师对整体风格的构想有关。在主色调中加入大面积的邻近色，或灰度不同的同系色彩，会产生和谐、柔美的视觉效果；在主色调中加入小面积的互补色，或高明度的色彩，便会产生视觉的张力与冲击力。如图4.18所示，下图是依据此色彩方案进行的设计。

图4.18　Pantone2013春季的色彩方案

4.2.3　材料方案构思

材料方案是将主题传递的内容物化为具有一定质感、色泽的纺织品材料，设计师在构思阶段对所设计的作品材料要形成一个大概印象，对材料做初步筛选。不论是设计师根据头脑中创作的材料进行设计，还是根据已有相似的材料进行的设计，在进行实物制作之前重要的一步就是确定以何种材料来将构想变为现实。服装材料的材质感丰富多样，包括纹路感、光泽感、平整度、轻盈度、厚实度、起毛性等。除了各种材料充分发挥自身的特点以外，设计时还应注意通过材料对比使服装产生丰富美感。如图4.19所示，包括设计图、色彩、面料方案。

图4.19　王海震的作品稿

4.3　设计方法

对于同一个设计主题，可以有不同的设计构思和不同的创造技法。

4.3.1　调研法

是通过收集反馈信息来改进设计的一种设计方法。要使服饰设计符合流行趋势，使产品畅销，市场调研是必不可少。调研的目的是为了在市场中取其精华，去其糟粕，发现使产品畅销的设计元素，在以后的设计继续运用或进一步改进，同时找出不受欢迎的设计元素，在下一个产品中去除。不仅如此，设计师还需要找出改进点，考虑是否有新的改进方法，得到新的设计创意。调研法有三个分类。第一，优点列记法，是罗列现状中存在的优点和长处，继续保持和发扬光大。任何好的设计都有设计的闪光点，成功的设计中的闪光点不宜轻易舍弃，应分析其是否存在再利用的价值，将这些优点借鉴运用会产生更好的设计结果。第二，缺点列记法，是罗列现状中存在的缺点和不足，加以改进或去除。服装产品中存在的缺点将直接影响其销售业绩。只有在以后的设计中改正这些引起产品滞销的缺点，才有可能改变现状。缺点列记法在实战中比优点列记法更为重要。第三，希望点列记法，是收集各种希望和建议，搜索创新的可能。这一方法是对现状的否定，听取对设计最有发言权的多个渠道的意见。

图4.20 Krizia 2011秋冬(豹子图案)　　　　图4.21 Krizia 2013/2014秋冬(豹子图案延续)

4.3.2 核查法

在现有服饰基础上，根据主题风格和构思，选择设计要素时考虑应该增加什么、除去什么、颠倒应用，或与其他东西相对应、重叠、变换组合、变化数量、变化位置。第一，增删法指增加或删减现状中必要或不必要的部分，使其复杂化或单纯化。其依据是流行时尚，在追求繁华的年代做的是增加设计，在崇尚简洁的年代做的是删减。增删的部位、内容和程度是根据设计师对时尚的理解和个人偏爱而定；第二，结合法是对服饰某些部位的组合进行观察，考虑各个部分技法的运用以及分析相互间的结合来获得更多设计方案，即把两种不同形态和功能的物体结合起来，从而产生新功能和形态。将两种部件结合起来，将口袋与腰带结合、成为腰包(见图4.22)；也可以将局部与整体结合，形成新的款式，上装与下装结合，形成连衣裙。结合法忌异想天开、生拉硬套，风格要相互协调，避免视觉上的混乱感。

4.3.3 移用法

移用即移植，是在模仿基础上建立起来的一种设计方式，通过有选择地对服饰的独特精妙之处进行吸纳和借鉴，包括对服饰本身以及其他造型物品中具体的形、色、质及组合形式的借鉴取舍，从而形成新的设计形式。移用包括直接移用和间接移用。第一，直接移用，借鉴造型、

图4.22　Iceberg 2012/13秋冬

图4.23　移用法设计

色彩、材质、工艺手法等，或者借鉴局部，截取利用大师作品、历史服饰或民族服饰的一些形式内容，忌生搬硬套；第二，变化移用，也称间接移用，不是单纯搬借表面的外观形式，同时加入了情感与观念，对已有的各种物体或设计进行有选择、有变化的重组。如图4.23所示，将中国汉族传统服饰中的肚兜直接移用到现代的服饰设计。

4.3.4　模仿法

模仿设计法是通过不同事物或相同事物之间的比较产生新的设计构思，将某种东西的形态直接或间接拿来运用的方法。涉及外形、结构、用色、功能与使用等方面。模仿设计有些近似移用设计和联想设计，原因在于移用与联想都存有不同程度的模仿特征，但在实际的运用表现上，各自都按其特行的思维方式进行，所塑造表现的效果有差异，模仿设计具有更多参照的特性。

广义角度而言，仿生设计就是模仿设计，是选择有生命或无生命的形、色、质和形式，运用仿生、仿物手段的创造性手法。通过模仿手段在服装形态上显示出这些神态，与移用一样，可以直接模拟，也可以变化模仿，即经过构思改变原型，融入新的设计内容和形式。仿生物设计灵感来源于有生命的动植物等形状、结构、色彩与肌理，对动植物具备的运动技能与形态特征深入探究仿造，以形写神，以写形为手段，以写神为目的，如喇叭袖、羊腿袖、燕尾服、马蹄袖。注意避免纯粹的模拟抄袭。

图4.24中裙子的肌理模仿了立体构成的效果。

4.3.5　派生法

派生是繁殖衍生的一种构成方式。服饰设计

多是寻求一种短暂美妙的穿着时尚，需要不断地变换推出有着崭新视觉形象之感的样式，所以派生设计方法非常可取。派生的设计还存有模仿参照的特点，是在原型基础上将点、线、面、体、面、质等造型要素加以适量有序的多级渐变。派生的循序变更过程非常容易生成系列化的造型。服饰派生设计包括外形与内部变化；外形不变，内部变动；内部保持不变，外形变动。色彩的渐变在一定程度上也是派生更新。如图4.25～图4.27所示，灵感来源于文艺复兴时期的轮装绉领，是不同设计师运用派生法进行的设计。从中可以看出一样的外形特征，通过材质的变化、大小的变化、细节处理的变化衍生出不同风格。

4.3.6 变换法

变化法是改变事物中的某一现状来产生新的形态。在原型的基础上，设计、材料、制作三大服饰设计要素，无论变更哪个方面，都会赋予设计以新的涵义。比如在结构设计中，变动分割线的部位就可能改变整件服装的风格，而不同的制作工艺也使服饰具有不同的风格。图4.28中战壕风衣的经典款式，肩片、袖、腰部以下的衣片面料变换为透明的PVC。

4.3.7 夸张法

夸张设计是服饰整体形态或局部形态的扩大、缩小与改变，在趋向极限的过程中截取其利用的可能性，以此确定理想的造型。服饰设计的基础是人体，人体不可能夸张，但可以夸张人体的特点。夸张法的形式多样，如重叠、组合、变换、接线的移动和分解等，可以从位置高低、长短、粗细、轻重、厚薄、软硬等多方面进行造型极限夸张。图4.29中超大的针织围巾进行了服饰品的夸张设计。

图4.24　2010春夏服饰

图4.25　Isabelle de Borchgrave

图4.26 Junya Watanabe 2000/2001秋冬

图4.27 Rizvana Bradley

图4.28 Burberry 2013/14秋冬

图4.29 Sister by Sibling 2013/14秋冬

4.3.8 趣味法

趣味常解释为使人感到有意思、值得玩味的特性。趣味的形式包括：第一，童趣，指天真的倾向与乐趣，没有掺进过多的杂念及理性的意图，极富有率稚气和嬉戏玩趣的品质，集中体现了儿童心理特点，同时也兼具成人怀旧和稚拙的理想特质，如图4.30所示；第二，意趣，是较童趣成熟、带有明显的机智和耐人寻味的趣意品味，可以充分领略到其中的美韵妙趣，如图4.31所示。制造趣味的设计形态，一般涉及形的夸张变化、形与功用的组合、色彩的奇异搭配、声响的合成以及嗅觉味觉和光感等内容。

4.3.9 逆向法

逆向法从事物相反的方面去思考，与事物完全相反的形态、性质相关，打破常规、习惯、传统的定势思维，表现新奇、趣味和独创性，是寻求异化和突变结果的设计方法。逆向法的内容可以是题材、环境或者思维、形态等。服饰逆向法的内容较为具体，如上装与下装、内衣与外衣、里子与面料、男装与女装、前面与后面、宽松与紧身的逆向等。使用逆向法时一定要灵活，不可生搬硬套，作品无论多有新意，也要保留原有事物自身的特点，否则会显得生硬而滑稽。20世纪80年代的内衣外穿就是利用逆向思维创造的一个新的服饰样式。如图4.32中上衣的常规反面包括里布、门襟、内挖袋用到服装正面，是逆向设计思维的方法。

4.3.10 联想法

联想是由一种事物想到另一种事物的心理过程，即以某一个意念原型为出发点，展开连续想

图4.30 Thomas Tait 2013/14秋冬

图4.31 Jean Paul Gaultier 2013春夏

图4.32　Sacai 2013/14秋冬

图4.33　Jean Paul Gaultier 2010春夏

象，不断深化，截取想象过程中的某一结果为设计所用。联想的产生既可能由正被感知的事物所引起，也可能由经验所引发，直接或间接地将这种感觉与经验转化成设计。联想的思维模式在每个人的经历和实践中都存在，每个人的审美情趣、艺术修养和文化素质不相同，不同的人从同一原型展开联想设计也不相同，联想在构思中的潜力与作用就相差甚远，不同的感受性会使联想的结果差异很大，所以要在一连串的联想过程或结果中找到最需要又最适合发展成服饰样式的部分。服饰创意思维是有一定范围的，是以视觉表象为主而进行的联想，按一定的主线而进行的形象思维，并不是漫无边际的，只有有意识限制的联想才具有实用价值。

联想主要有接近、类似、对比、因果四种方式。第一，接近联想，由一种事物想到空间上或时间上相接近的另一种事物；第二，类似联想，由一种事物想到在性质上或形态上与它相类似的另一种事物，根据事物相似点的心理性质的不同分为外部形态、内部逻辑、情感反应三类；第三，对比联想，由一种事物想到相反的另一种事物，基础是事物外部或内在特征的对立与统一的关系；第四，因果联想，由一种事物的原因想到其发展的结果，或由现在的结果想到形成的原因。以上四种联想方式，在运用中并不是孤立的，而是相互交织联系在一起，并各自发挥作用。如图4.33所示，从西部牛仔对比联想到晚会淑女，两者对立统一的设计。

4.3.11　整体法

由整体展开逐步推进到局部的设计方法。先根据风格确定整体轮廓，包括款式、色彩、面料等，然后在此基础上确定服装的内部结构，内部的东西与整体要相互关联，相互协调。这种方法比较容易从整体上控制设计结果，使得设计具有全局观念强、局部特点鲜明的效果。在服装设计中，设计者由于某种灵感的启发而在构思过程中形成了整体造型的轮廓，局部造型要与整体造型相协调，避免出现与整体造型相矛盾的局部造型，否则由造型产生的形态感难以统一，造成风格的混乱。如图4.34所示，在整体的廓型的基础上，在裙子臀围处进行局部的造型设计。

4.3.12　局部法

局部法与整体法相反，以局部为出发点，进而扩展到整体的设计方法。这种方法比较容易把握局部的设计效果，有时设计师会由某一个局部造型产生新的设计灵感，于是会把这一部分运用到新设计中去，并寻找与之相配的整体造型，但如果不相配就会形成视觉上的混乱。如图4.35所示，从拉链口袋这种细部设计出发，构成整体造型。

4.3.13　限定法

限定法是指在事物的某些要素被限定的情况下进行设计的方法。任何设计都有不同程度的限定，如价格的限定、用途功能的限定、规格尺寸限定等。限定条件分为六个方面：造型限定、色彩限定、面料限定、辅料限定、结构限定、工艺限定。

4.4　系列拓展

系列是表达一类产品中具有相同或相似的元素，并以一定的次序和内部关联性构成各自完整而又相互有联系的产品或作品的形式。系列是服饰设计过程中经常用到的一个词语，指服饰形态、服色、装饰、材

图4.34　2010春夏巴黎时装周

图4.35　Undercover 2013/14秋冬

料、风格上有相关协调性。系列服装设计是把设计从单项转向多项，从多种角度综合系列地体现设计。系列化构思是发散性思维的表现。系列服装可以形成一定的视觉冲击力。整体系列形式出现的服饰，以重复、强调、变化细节和各种元素产生强烈的视觉感染力，比单件服装的效果要强得多。在确定服装的设计主题和设计风格以后，还要确定系列服装的品种种类、系列作品的色调、主要的装饰手段、各系列主要的细部以及系列作品的选材和面料等。系列时装的完善，不仅是指一件服饰的效果，更重要的是整体的完善和全体意义上的和谐，整体的效果关键在协调各单件服饰之间的关系、使每套服装都处于既相互联系、又相互制约的关系之中，使系列时装构成一个有统一又有变化的有机整体。

系列既可从年龄、性别、季节、色彩以及上下、里外、长短等出发，也可以从功能、面料、色彩、服装分类等出发。但同一系列的服饰之间必定有着某种相互关联的元素，有着鲜明的使服装设计作品形成系列的动因关系。因此每一系列的服装在多元素组合中表现出来的关联性和秩序性是系列服装设计的基本要求。一般的系列服饰是基于一个主题设计配套款式的风格，每一套服饰在款式、色彩、材料三者之间寻找某种关联性，局部、装饰、色调等因素起着主要协调联系。

4.4.1 基型

系列时装虽然是一个多套服装构成的群体，但在设计构思的最初阶段，是从其中的一套服饰开始的。最初构思出来的这一套服饰，称为基型款式，是系列产生的最基本的造型形象。系列基型尽管在构思方法、创意过程方面与一般的设计没有区别，但也并不是所有的款式都能发展成为系列。能成为系列基型的款式必须详细、全面、富于形象特征和情调，这样的款式才具可塑性，创作的系列才能主动而充实。详细是指基型款式的内容要充分具体、言之有物，各部分的细节都很清楚明确；全面是指基型款式包括服饰品的内容，要讲究服饰配套，服装的形象要完整；富于形象特征是指基型款式要有个性和特点，形象特征要鲜明，要有特色，便于把握和发挥；富于情调是指基型款式的总体服装形象要有一定的情境特征，带有一定的情趣倾向，这样的款式才能以情动人，调动设计师的思绪，以此发展的系列才具有感染力。基型款式确立以后，尽管还没有展开构成系列，却已经明确了整个系列的形态特征、款式造型和风格情调，为系列群体服装的形成起到导向和启示作用。我们通过基型款式发现系列构成的切入点，同时也把握了系列创作的主导思想，使系列服饰的发展和构思有了可以依靠的线索。当系列设计的主题和风格确定以后，可以进行具体的系列设计。

4.4.2 系列形式

基本款确立之后，就需要根据基型款式的特征衍生和发展出更多的服饰，以形成系列的群体。即从基型的款式构成形式出发，找到基型的总体定位和风格，抓住基型的独特特征，进行思维的拓宽和款式的变化，进行廓型的拓展，在其搭配、比例、造型等方面进行变化，达到了各种廓型的变化；或者确定变化的焦点或视觉中心，之后再用模特模好的姿态来进行尝试，把焦点夸大、变形，最后确定出一系列喜欢的廓型。当然也可以用草图的形式，在纸上勾画出几种构想，组成系列，再从中筛选出满意的几款。定位是基型款式变化的基础，确定基型的格调，明确服装款式变化所要遵循的规则。从规则出发，所形成的群体也就容易统一和协调。基型款式的独特特征是系列群体的共性形成的关键，可以运用上一节的各种设计方法，变化和衍生基型的独特特征，发展更多的服饰造型。

系列设计形式很多，其成功的关键是系列特征明显，能一目了然地感受到这些款式内在统一性和共同感，一系列的设计既有相近之处，又有不同的变化。系列设计形式主要有中心式与联合式。中心式是同一个主题，有多套款式，是以某一服装为中心款式，其他款以中心款式为基本款式来进行设计的。中心款式在系列整体上起中心、统帅作用，系列中其他款与中心款式有一种协调关系。联合式是在多套系列组合中，各款式中没有明显处中心地位的款式，而是联合在一起时是一个整体，分开时即为单一独立的款式。

款型系列感是指服装款式中存在着某种相似的成分。服饰的系列款式中，可设计不同的细节部件，使相同轮廓的服装在配合不同细节部件后，在外观上产生一些变化。成功的轮廓可反复地出现在一个系列的服饰之中，只是通过细节部件的变化来完成不同款式设计。成功的细节部件也是可以反复利用的。系列款式在长短变化、内外组合中，应使部分与部分、部分与整体之间构成一定的比例关系，使之协调、完美。

廓型系列是指服饰的外部造型一致，在局部结构进行变化，使整个系列保持廓型特征一致的同时仍有丰富的变化形式。要注意外轮廓型造型是否具有较强的特征，否则会显得杂乱无章，注意外造型的整体性，使造型有明显的系列特征，但里面的局部细节不能影响外造型的特征。

内部细节系列是指把服装中的某些细节作为系列元素，使之成为系列中的关联性元素，通过对细节要素的组合、派生、重整、重构使服饰系列化的方式。作为系列设计重点的细节要有足够的设计力度，以压住其他设计。对于相同或邻近的内部细节，可利用各种搭配形式组合出长短的变化和丰富的层次，或通过改变大小、颜色和位置，就可以产生丰富的层次和美感。内部细节系列的服装款式在长短变化、内外组合中，使部分与部分、部分与整体之间构成一定的比例关系。

形式美系列是指通过不同的表现手法来体现系列服装的形式美，比如用对比的手法将服饰外部造型和局部细节进行设计组合。在视觉上如果没有统一的形成系列的感觉，可以加入调和元素形成统一，虽然这些调和元素不足以成为系列元素，但使得整体设计取得形式上的系列感。

色彩系列形式是以色彩作为统一因素，通过色彩的渐变、重复、相同、类似等配置取得形式上的变化感。色彩系列可分为色相系列、明度系列、纯度系列和无彩色系列。造型的搭配灵活多变，所以色彩系列服装在色彩的运用时一定要注意色彩的强度，并且强度要压住造型，否则，色彩太弱就会减弱其系列性，使得设计系列重点不突出。同时在面料的选用要注意其风格反差不能太大，否则也会破坏系列效果。

以面料组成系列的服饰是利用面料的特色通过对比或组合来表观系列感的系列形式。通常情况下面料的特色比较鲜明，在此形式的系列表现中，造型特征可以不受限制，色彩也可以随意应用，全靠面料的特色来造成强烈的视觉冲击力，形成系列感。面料的选择相当重要，如果面料的特点不是很突出，没有较强的个性与风格，那么靠面料组成系列的服装，其系列感就会比较弱甚至难以组成系列，比如有些本身肌理效果很强或经过再造的面料，具有非常强烈的风格和特征，在设计时即使造型和色彩上没有太大的变化，也会有丰富的视觉效果，再通过造型的变化、色彩的合理表现，其系列效果就会有非常强烈的震撼力。面料系列以它特殊的材料形式，不论采用什么样的色彩形式和造型特征去表现，仍然具有较强的材料特点。例如，毛皮系列，不论其他构成要素再怎样变化，毛皮特有的材质感也会控制着整个系列的整体感觉。面料系列的服装设计，必须考虑面料的风格与造型特征是否相协调，否则就会让人感觉所表达的内容不一致，表现混乱，使得设计作品很不协调。

工艺系列是指强调服装的工艺特色，把工艺特色贯穿其间成为系列服装的关联性。工艺特色包括饰边、绣花、镂空、缉明线、装饰线、结构线、印染等。工艺系列设计一般是在多套服装中反复应用同一种工艺手法，使之成为设计系列作品中最引人注目的设计内容。工艺的独特性，使之与其他设计元素相比较很容易出跳，从而在设计中成为系列设计的统一元素。它不仅能与服装有机地结合，也丰富了服饰的表现语言。

根据系列形式来罗列和组织面辅料、色彩、结构、工艺、局部细节到服饰配件等系列要素，否则在设计过程就会出现混乱，面对众多的系列要素时就会觉得无从下手，条理不清。然后根据系列套数来进行合理安排分配，系列要素一定要与主题风格和系列形式协调。

4.4.3　设 计 图

所有的系列要素一经选定，在进行合理的组织安排后，就要用图稿的形式将每一款设计逐一画出，要注意服饰整体系列感的表现以及系列元素的合理安排，即构思草图。这是将服装的形、色、质等要素不断进行延伸和组合的设想和计划，系列草图尽可能多地画出丰富多样的设计款式，这些草图大多是漫无边际、不成系列的，从中挑选比较优秀的设计，然后在这些设计的基则上再进行构思整合，完善造型、细节，最后完成完整的系列设计。

用绘画表达与构思总会有差异，所以整体系列画完以后，还要看看系列服饰之间的关联协调是否达到理想效果，细节设计、布局安排是否到位，然后再根据设计意图进行局部调整，这样就会使设计更加完整统一。

图4.36中主题为：Alice的紧身衣，灵感来源是中世纪盔甲和文艺复兴时期的紧身胸衣。设计过程见图4.37～图4.41。

图4.36 Alice的紧身衣

图4.37 基型设计

图4.38 系列拓展

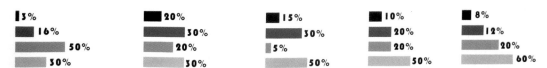

3%	20%	15%	10%	8%
16%	30%	30%	20%	12%
50%	20%	5%	20%	20%
30%	30%	50%	50%	60%

图4.39 色彩方案

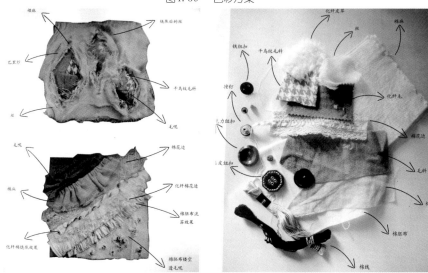

图4.40 材质方案

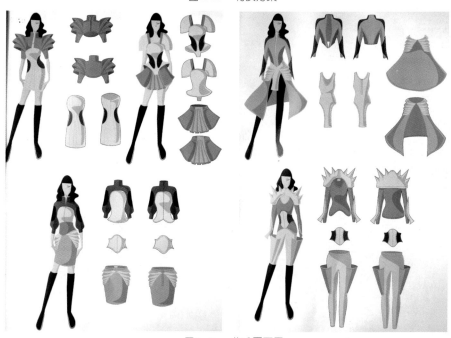

图4.41 款式平面图

4.5　时尚语言

时尚语言在服饰中最主要的特征是流行。流行是人们审美观念改变的社会现象，表现为在一定时间与空间限度内，服饰的款式、花色和颜色以及风格迅速传播，盛行一时，成为服饰的主导潮流，从而形成特殊的服饰景观。流行概念有两层含义：从空间视角，流行是一种现象，不同风格的时装在不同的社会层次有不同的分布，反映了社会层次的审美差异；从时间视角来看，流行是一个过程，是一种动态，反映社会审美意识的变化。

时装流行的方式有三种：第一种，由上向下模式，即由社会上层往下传播，表现为上层服装影响下层；第二种，由下向上模式，即从社会下层往上传播；第三种，平行模式，即在社会各阶层之间的传播。

时装的传播过程一般经过六个阶段：发生、上升、加速、普及、衰退、淘汰，这一过程称为流行期。时装的流行加速了服装的消费，这种消费不是服装的破损，而是以时间性宣告服装的衰亡，表现为一种人为的废弃或淘汰。流行基于三个原因而存在：第一，心理原因，人们的生活情趣会随着旧的生理刺激的饱和及厌倦而不断产生新的审美需求；第二，社会原因，在社会关系中，人们希望依据社会价值取向的改变来强化自己的社会形象，体现自身价值；第三，商业原因，通过流行，加速消费，从而使生产和流通领域增加财富。

服饰设计要随时了解服装最新动向和预测服饰发展趋势，在此基础上谋求新的设计理念和表现题材。时尚语言在服饰中的表现主要是流行色和流行的款式。

4.5.1　流行色

服饰流行色是指一个时期内正在流行或将要流行的颜色。国际流行色协会在20世纪60年代成立，每年发布18个月后的流行色。在巴黎每年都会有近40个权威性的服装专家定期举行色彩会议，制定出未来两年内服饰主要色彩流行趋势。后来又有了一些国际上大公司的加入，如美国潘东公司，每季都发布流行色资讯，其对市场的影响力不亚于国际流行色协会。我国也在1982年成立中国流行色协会。

4.5.2　流行款式

服饰外轮廓线即外部造型的剪影，首先决定服饰整体造型的主要特征，勾勒出服装流行的基本外貌，长、短、松、紧、曲、直、软、硬等造型的背后包含着审美感和时代感；在外轮廓的基础上，产生细节部位的特征等一些流行细节。二者相辅相成，共同说明一种流行特征。服装款式的流行预测也从服装的外轮廓开始，作为流行款式的基准。服装的线廓变化，是政治、文化、科技、经济、哲学变迁的反映，还经常受客观的人体形态和主观的视觉意识的影响，一般渐缓谨慎、循环往复的推进。款式的流行大约是20年一个周期，循环往复。当代服装的款式变化最快，只有三到六个月。

4.5.3　流行纱线

服装产业链上各个环节的流行预测机构，也都在相应地推出其流行方案，如纱线预测、纺织品面料的预测方案等。这些方案的推出是流行预测机构通过大量的市场调研，汇总所有流行信息，进行理性分析之后得出的。面料流行的第一步便是纱线的流行预测，如国际羊毛局对羊毛纱线的流行发布、国际棉花协会对棉纱线的流行发布等。纱线与面料的发布常常是同时进行的，法国的面料博览会Premiere Vision和德国的时装材料展Inter Stoff等在每季的发布会上同时推出纱线及面料的流行趋势。色彩的流行更多的是不断地循环往复，而面料的流行则是在永远翻新，这是因为科技发展总在创造着新组织、新成分的纱线，组成新工艺、新结构的面料。

参 考 文 献

[1] 刘晓刚，崔玉梅. 基础服装设计. 上海：东华大学出版社，2003.

[2] 于国瑞. 服装延伸设计：从思维出发的训练. 北京：中国纺织出版社，20011.

[3] Kathryn McKelvey, Jannie Munslow. Fashion Design: Process, Innovation & Practice. 北京：中国纺织出版社，2004.

[4] [韩]李好定. 服装设计实务. 北京：中国纺织出版社，2007.

[5] [美]莎伦 李 塔特. 服装 产业 设计师. 北京：中国纺织出版社，2007.

[6] 张灏. 服装设计策略. 北京：中国纺织出版社，2006.

[7] 袁仄. 中国服装史. 北京：中国纺织出版社，2005.

[8] 华梅. 西方服装史. 北京：中国纺织出版社，2003.

[9] 王晓威. 服装设计风格. 上海：东华大学出版社，2012.

[10] 陈彬. 时装设计风格. 上海：东华大学出版社，2009.

[11] 卞向阳. 服装艺术判断. 上海：东华大学出版社，2006.

[12] 邓跃青. 现代服装设计. 青岛：青岛出版社，2004.

[13] 黄元庆. 服装色彩学. 北京：中国纺织出版社，2010.

[14] 朱松文，刘静伟. 服装材料学. 北京：中国纺织出版社，2010.

[15] Francois Boucher. 20000 Years Of Fashion. New York: Harry N. Abrams, 1987.

[16] www.metmuseum.org

[17] www.vam.ac.uk

[18] www.wgsn.com

[19] www.accesories.com